我的职业是编辑

李又顺 著

在照亮别人的同时，也照亮了自己，
这就是编辑的人生。

复旦大学出版社

自　序

做编辑二十多年，结果给自己也“编”了一本书。这是以前从未想过的。常言道，雁过留声，人过留名。现在想来，我好像有点在乎这件事了。

多年前，我养过一只小仓鼠，它活泼好动，聪明可爱。它总是在不大的空间里不停地跑来跑去，以证明它的存在。每遇上好吃的，总使劲用两只后腿撑起身子，用两只前爪牢牢抓住食物，嘴巴里开始不停地鼓捣，两只黑豆似的小眼睛也极其传神、专注。是的，任何幸福的事，都在于用心与专注。它也很淘气，一不留神，就在我珍藏的一颗念珠上，留下了它执着、细密而坚深的咬痕，仿佛它要刻意给我留下点纪念。现在只要我拿起那颗念珠，就想起那个可爱调皮的小生灵，尽管它已早早经过生命的轮回化为宇宙烟尘，但它似乎已将生命深深镌刻在它的咬痕里了，睹物思“鼠”，倒平添了我几许感动与回味。

小鼠尚且如此，何况人呢?

大人物留下的是江山社稷、丰功伟业，彪炳千秋，万世传颂不绝，而“小人物”所歌所咏，所唱所叹，乃至一切所作所为，似乎都于历史无补。然则身处“历史终究是人民书写的”新时代，“小人物”也不应妄自菲薄，要敢于为“历史”留下点什么。哪怕留下的是大千世界中的一片树叶、一颗露珠、一粒尘埃、一抹天边的云彩，哪怕瞬间消失，也是一种生命的礼赞，一如曾出现在我生命中的那一只专注、倔强的小仓鼠。呈现在你面前的这本小书，恐怕连树叶、露珠、尘埃、云彩都算不得，但对于我而言，算是一种职业存在的明证。

这本小书，是我近十年以来做编辑工作闲暇之余所撰写的文字结集。文章长短不一，风格各异，内容驳杂，时间跨度也比较大，并非一气呵成之作。书名取为《我的职业是编辑》，似乎有点大而无当。书名读来似宣言般掷地有声，惜乎内容全无可与之匹配之“家什”。然则虽有夸大、不当之嫌，但就写作的诚意及内容来看，皆关乎“编辑”“出版”职业，而且也都是一时用心观察、思考的结果。从这一点来看，它至少没有“偏题”，甚至能带给你一些启示。

收入本书的文章大致包括这几类：貌似论文的有三篇，职业深刻体验的三五篇，业界观察的有三四篇，传统纸媒与网络新媒体探究的有四五篇，职场人物交往的三篇，还有两篇纯属工作展望与计划。文章篇幅不大，但我认为所涉话题丰富、多样，基本涉及编辑、出版工作的各个方面，如编辑、出版的本质探讨，编辑的要务与日常功课，纸媒向新媒体转型如何应对，策划一本书的成功经验与失败教训，编辑的快乐与苦恼，编辑人格养成，编辑灵魂塑造，取书名的奥妙，书业发展趋势，与作者交往的点滴，业界人物观察、素描等等。尤其是每篇文章之后的“提炼与拓展”，我认为则是这本小书的“精华”所在。它首先是对每篇文字主题的提炼与概括，若你感兴趣，只要读它即可。“拓展”一词已经用滥了，但我一时也找不到合适的词，这恰恰暴露了我作为一个“创意出版”行业编辑的先天不足。尽管如此，我仍然觉得，这部分内容涵盖了我真想说的一些人与事。有了它们，我才觉得这本书尚有些价值，也暗自给了我一点信心。

鉴于所选文章写于不同时间，有些内容为了一个主题、观点在不同文字里重复出现，加之编选时间的仓促，文字表述功力的薄弱及知识、见闻的寡陋与经验的不足，错谬之处想必不少，期望方家多多包涵、指正。

2019年4月8日

目　录

编辑格局与时代精神生产

转型期与出版人

新业态下的冒险精神与文字工匠

一朵玫瑰与编辑之痛

编辑的用心与经典制造

书中乾坤与我们的世界

后记

附录：本人策划编辑的部分图书简介

○ 编辑格局与时代精神生产

编辑人格建构刍议

思想无疆　创意有魂

文本转换在当下出版中的意义

云出版时代，好编辑如何修成正果

编辑人格建构刍议

时代的精神生产与传播，离不开编辑。编辑在精神产品生产过程中扮演着重要角色，甚至起着苏格拉底所说的“知识助产士”的作用。作为时代精神产品生产的策划者、观察者、瞭望者与传播者，编辑大大促进着思想文化的生产与交流，从而推动着人类文明的进步。一般而言，编辑的精神状态是什么样的，他的责任力、认知力、判断力如何，亦即他的“编辑人格”总体处于什么层级与水平，在一定程度上影响着大众的审美趣味与社会的精神气候。因此，“编辑人格”建构，显得尤其重要。

编辑人格建构的含义

编辑人格，是指编辑工作者在开展自己的本职工作时所具备的特定的精神条件与基本精神面貌，是与编辑工作密切相关的各种精神要素的有机组合与协同状态。编辑人格的高下决定着编辑工作者工作的质量与成效，从而在某种意义上也决定着一个社会的精神文明水平。

编辑人格建构亦即编辑人格建设或编辑人格建造、提升，意指编辑群体或个体在一定的精神基础与条件下（受教育状况等）其与编辑工作密切相关的精神内涵、素质（责任心、判断力、审美情趣等）的提升，这种建构与提升，有助于推动编辑工作的开展并使之富于成效。

编辑人格建构，既可以指称与编辑工作密切相关的编辑精神内涵、素质的整体，亦即整体素质的提升与完善，也可以指称构成编辑整体精神素质、内涵的各个要素的精进与完善，如自我认同力、责任力、判断力、人际交往与沟通力、文案提炼力等。编辑整体精神内涵、素质的提升，有赖于各个要素的日益完善。

编辑人格建构的主要内容

如上所述，编辑人格整体的建构，有赖于各个局部的建构，即与编辑工作息息相关并对编辑工作产生重要影响的各种精神要素的建构，包括认知力建构、情感力建构、意志力建构、自我认同力建构、责任力建构、判断力建构、审美力建构、人际交往与沟通力建构、文案提炼力建构等。只有各方面协调发展，共同进步，才能最终达到我们所希冀的编辑人格建构的理想状态。如果缺少了哪一方面或几个方面的建构，就会不尽如人意，甚至功亏一篑，编辑工作难以有较大的起色与成效，从而起不到应有的对社会精神生产与文明发展的有力推动作用。

认知力建构

认知力反映编辑的认知水平，反映编辑的认知广度与思想深度。

编辑只有不断提高自己的认知力，拥有宽阔的视野和深邃的思想，才能更好地对出版选题进行价值判断并做出取舍，也才能在更高的层级、更宽的维度，对所编辑的作品内容进行加工处理，从而最终引导精神生产市场向更优的方向发展。如果编辑的认知力偏低，势必对事物的认识仅仅停留在肤浅的层面与褊狭的视域。这样的编辑也只能停留在低层级，他“催生”与极力传播的也只能是这样的“低级文化”，甚至制造文化庸品与垃圾，从而造成人、财、物的浪费。

进行认知能力建构，从而有效提升编辑的认知力，就要求编辑不断加强学习。不仅要向书本学，向社会学，还要向优秀的同行学。一个好的编辑，一定是从不满足、不断加强学习的编辑。一个整天坐在书斋里的编辑不是好编辑，一定要关注现实社会发生的重大事件与各种新生事物，透过表象看本质。同样，一个坐不下来、静不下来、被浮躁裹挟，不看书不看报、不思考的编辑也不是好编辑。一动一静，文武之道，亦是编辑之道。只有在认识的广度与思考的深度上下功夫，才能不断增长见识，提升认知力。认知力提升了，编辑的工作质量与效果也会随之提升，社会的精神气候由此也会不断向好的方向转变。

情感力建构

编辑的情感力也很重要。情感力连接两个维度：一是作者，一是读者。人是感情的动物，往往会被真情打动。作为与编辑合作完成一部书稿并出版的作者，也会为编辑的真情付出所打动。编辑的情感付出越多，获得好的书稿的几率就会越大，这也是常识。而好的作品也应该是有“温度”的。作为有情感的读者一方，也会自然喜欢有“温度”的读物。那些僵化的知识、僵硬的文本、僵死的说教，往往令人望而生畏。编辑要编出好的书，编出有生命力的书，编出“活”的文本，就需要有丰富而浓厚的情感投入。情感是出于“爱”，对作者的“爱”，对读者的“爱”，对自己所从事的这一份工作的“爱”。有了爱的付出，有了生命激情与“温度”的参与，并把它落实在工作的每一个环节甚至每一个细节上，一切都会发生变化。

编辑的情感力建构，要有几分理想主义情怀与忘我的牺牲精神。我很赞同复旦大学已故著名学者陆谷孙的一句名言：要用理想主义的血肉之躯，撞击现实主义的铜墙铁壁。“理想主义”“血肉”与“情感”“爱”分不开。一个纯粹的“现实主义”者，在情感的投入上是“吝啬”的，因为，他们只会对看得见摸得着的“现实利益”投注情感，而且极有“分寸”感。而编辑的劳动所指向的是高级的精神活动，往往是看不到“现实利益”的，甚至还需要做出极大的奉献与牺牲。所有文化的事业都是要有极大的热情投入的，需要“理想主义”的“血肉之躯”，如果一个从事文化事业的编辑很“现实”，那是绝对做不出好书来的。

自我认同力建构

人们对世界的认识包括对客观世界的认识和主观世界的认识，而且这种认识会随着人类的实践活动不断加深。就人类个体而言，对自我的认识有一个相当漫长的过程。作为“编辑”的个体也是这样。

作为编辑的个体，同其他任何社会个体一样，都是社会中某一具体的人。在实际工作中，他的各方面（兴趣、特长等个性）会得到展示和发挥，当然不足之处也会显露出来。作为编辑个体应总结经验教训，充分展示与发挥所长，避其所短，加强学习，取长补短，在实践中逐步建立与完善“职业自我意识”。

编辑“职业自我意识”的确立，标志着编辑在职业道路上日趋成熟。它意味着编辑对自我的认识比较深入、客观与全面。它比较清晰地指明了职业的自我定位与发展方向：我适合做什么，我的兴趣点在哪里，我将向何处去。

建立在自我兴趣、个性特点等基础上的编辑职业自我意识（亦即编辑自我认同），不仅有利于编辑的职业成长与才能的充分发挥，而且也带来了出版分工的专业化与图书市场的繁荣及多样化。

编辑自我认同力建构，有利于形成图书品牌与编辑个人品牌。成熟的图书市场竞争，一定是品牌之间的竞争。编辑强大的自我认同力，犹如一杆独特鲜明的旗帜，通过其策划编辑的“这种”（而非其他）劳动成果（即图书产品）大放异彩。编辑自我认同力建构下的编辑个体与其产品互相成就，从而会在整体上优化图书市场，提高其品质。

编辑自我认同力建构，一方面需要编辑大胆探索，在自己的岗位上敢作敢为，努力推出社会效益、经济效益好的作品。在编辑编出好的作品并得到社会肯定之后，反过来又会促进编辑自我认同力的跃升。另一方面，需要出版单位营造宽松的环境，让编辑人才脱颖而出。也要设法建立编辑岗位的合理流动机制，从而尽量满足不同编辑人才的成长需求。

责任力建构

人类社会的任何行业都有自己的定位与使命，都以服务社会并推动文明进步为指归。编辑的行业也不例外。传承人类文明成果并发扬光大，推动学术进步与文化繁荣，是编辑的历史使命。因此，是否自觉地承担这一历史使命并为之努力，是判断一个编辑是否合格的基准线。这种使命与担当意识越是强烈，作为编辑的根基就越是深厚，人格、精神建构的起点就越高。一个“责任自省力”强的编辑，心中始终燃起一把火，时刻迸发出生命的活力，为出色地完成编辑工作任务提供了源源不断的精神动力。因此，责任力建构，应成为编辑人格精神建构的根本与灵魂。

除了激发、唤醒编辑的使命意识与担当意识，责任力建构还要强调编辑职业的奉献精神。出于一种对待职业的责任心，编辑就应该像战士那样，发现“敌人”（目标）在哪里，就要第一时间出现在“现场”，并努力“歼灭”之。编辑的工作现场，不能仅仅局限在书斋与舒适的办公区域。一次远行的出差，一场生动的学术报告，一个重要作者的“跟踪”，一个业内典型案例的分享会，一个围绕内容策划的文化活动等等，都需要编辑付出巨大的精力。这一切，没有一种奉献与牺牲的精神准备，不可能表现出色，甚至连胜任这份工作都难。

判断力建构

对事物进行判断，尤其是对复杂的事物进行判断，是一项高级的人类精神活动。它体现了人类知、情、意的统一。编辑的判断力尤其重要，它直接决定着人、财、物等生产要素能否有效结合，产生效益最大化的结果。一部杰作的产生，往往会洛阳纸贵，读者争相购买；一部庸品的产生，则会造成库存积压、资源浪费。因此，编辑判断力的建设与培养即判断力建构，应成为编辑人格精神建构的重要一环。

我们常常把做一件事获得的成功，归结为一句话：在一个正确的时间，做了一件正确的事。对时间节点的把握，体现了一个人判断力的高下。做一部“成功”的书也是如此。如果时间不对，一切枉然。在什么时间做什么书，这是一切不甘于平庸的优秀编辑的必备功课，它体现着一个职业编辑独有的判断力。

判断力建构重在养成一种职业“直觉”。长期的职业浸染，会形成一种职业的敏锐“嗅觉”与“直觉”，我们可以把这种特殊的职业“嗅觉”与“直觉”，看作是判断力的高级形式（也是后面所述“编辑灵魂”的重要内容）。一位杰出的学者曾说过，搞学术第一需要有“狗的嗅觉”，要知道学术的前沿问题，要明白学术研究的价值取向与方向，只有这样才能保持与国际同行处在同一个层次与水平上。其实，出版也是这样。出版属于服务业，为作者服务，为读者服务，为整个社会的文化发展、进步服务，只有在这种服务中才能凸显编辑的价值。但这种服务不是被动的，而应是积极主动的，这种主动性往往就体现在编辑主体的职业“嗅觉”与“直觉”上。它既可以帮助学者、作者进一步辨明写作、创作的方向，从而为社会创作出更有价值的（前沿）精神产品，也可以通过出版行为引领社会读者的阅读风尚与审美趣味，从而提高他们的认知能力与审美水平。

审美力建构

真、善、美，是人类共同追求的价值目标。但凡一部好的作品，其内核都能体现人类对真、善、美价值的永恒追求，而且，作品愈优秀、愈经典，就愈能将这一点贯彻、体现得淋漓尽致。子曰：“《诗》三百，一言以蔽之，曰：‘思无邪。’”这个“思无邪”，指的就是真善美。“高山仰止，景行行止，虽不能至，然心向往之。”司马迁在《史记》中由衷地赞美孔子，足见人类对真善美的向往。作为一切优秀作品的发现者、编辑者、推广者的职业编辑，应时刻秉持这盏照彻人类心灵的千古明灯。

以上是就作品的内容层面来说的。而就作品的形式来说，也应符合时代特征与读者的审美需求。随着新媒体技术的发展，出版呈现新的面貌与态势，阅读市场也日趋多元化，“融媒体”俨然成为热门词汇。出版主体之间及多媒体（传统媒体与新媒体）之间的相互竞争，也促使出版的形式发生根本变化。就传统纸书而言，从版式设计、封面装帧，到材质的选择、工艺手段等，无不精益求精，以最大化满足读者的审美愉悦。这对编辑的审美力无疑是一种挑战与考验。

编辑的审美力建构直接关系到我们能为社会及历史提供什么样的“产品”，是“美的”，还是“丑的”。因此，编辑要以人类一切经典为自己的“食粮”，不断提高自己的审美修养与水平。

意志力建构

意志力，是体现一个人人格精神品质的重要参数，是人们达到最终目标坚实的人格保障。古之立大事者，无不具有惊人的、无可撼动的“意志力”。

编辑意志力的建构，重在加强编辑克服困难的勇气与磨炼达到目标的耐心。编辑在不断向社会推出好的作品的背后，往往都付出了长期、艰苦的努力，这种艰苦的背后，都有一种职业理想与意志力在支撑。笔者从业二十余年，编过几种“好书”，深知其中的甘苦。就拿2009年修订再版的《潜规则——中国历史中的真实游戏》一书来说吧。该书修订再版上市后，引起一轮销售高潮，数月内就销售了几十万册，在业界引起关注。鉴于此书对中国社会发展进程的独特价值，今年9月在《新京报·书评周刊》发起的影响中国改革开放四十周年“40年40本书”的评选活动中，该书高票入选。回想我能有幸与这本书“相遇”并将它经我之手修订再版并产生影响，也是我与作者保持长达十几年的不间断的密切交往所致。除了平时较为频繁的书信来往、电话沟通、电子邮件交流之外，每次一到京城出差，我都会事先联络作者，并约其见面拜访。十几年结下的深厚友谊与彼此信任，才会让作者将这部杰作托付于我。

实践证明，编辑意志力的强弱与编辑的工作成果优秀与否成正向关联。一部好的乃至杰出的作品问世，也从一个侧面映射编辑人的强大耐心与意志力。

人际交往与沟通力建构

人际交往与沟通力建构，直接关系到编辑工作的成败，需要从很多方面入手。

编辑工作，从某种程度上说，就是“唯马首是瞻”。这里的“马首”，就是指“影响力”。一般而言，做在社会上有影响力的书，就要做有影响力（或具有潜在影响力）的作者的书，方可见成效。学术界的“大佬”，作家里的“佼佼者”，行业里的翘楚，乃是编辑的“阵地”所在、目标所在。他们是时代的弄潮儿，万众的聚焦点，芸芸众生努力的标杆，他们就是“影响力”指数的象征。和这些有“影响力”的各色“人尖”打交道，非一日之功所能达到目标，需要多方面的修炼。当然，也有一些后来被证明是有“影响力”的精品力作，一开始它们的作者却默默无闻。这就需要编辑慧眼识珠，需要编辑训练有素的判断力。

编辑与有“影响力”的作者交往，需要学识的“相配”（至少能对作者研究的领域略知一二，最好更多），性情的“相近”（至少不能反差太大），价值观、品位的“对等”（至少差距不能太大），也就是说首先要把自己努力打造成有“影响力”的编辑，方可胜任，这也是同有“影响力”作者交往的基础与保障。只有不断夯实了这种基础，才能让交往、沟通更加有效，从而为后期的工作开展创作有利条件。

在出版社内部，编辑与发行人员的沟通，也很重要。如果说，发行人员是前线战场（市场）上冲锋陷阵的战士，那么，编辑劳动所能提供的“产品”（图书）就是“炮弹”。炮弹在战场上能否打得响，威力到底有多大，则取决于编辑工作、劳动的质量。编辑是产品研发的首端，一个好的编辑也应该是“研发”的高手。任何一个有质量的选题，都是一发有市场针对性、有威力的炮弹，这在编辑的心里很清楚。但发行人员要面对的不只是一两个编辑个体，而是一个出版社所有编辑的所有图书产品，这就不大可能做到让每一位发行人员对出版社每一种产品做到“心中有数”。要解决这一矛盾，就需要编辑与发行进行有效的沟通与合作，在宣传推广、营销造势、渠道发行等环节予以积极配合，只有这样，才能取得最大效益。

面对一个优秀作者，在他（她）迷惘时，编辑若能“点醒”其创作的方向，让其醍醐灌顶、茅塞顿开，那一定是编辑渴望的与作者交往的最高境界。而要做到这一点，编辑就需要全方位了解作者，且能明白在写作（创作）市场上唯独属于“这个”作者的核心优势、亮点及独特性究竟在哪，只有这样才能有的放矢，也才能最终让作者信服。因为，确有些作者“不识庐山真面目，只缘身在此山中”，他们对自己的创作核心优势不那么清楚、自知。

当然，与编辑工作相关的还有其他很多方面，这些方面都需要编辑具有良好的人际沟通、交往的能力。

文案提炼力建构

编辑的文案提炼力是编辑能力素质的重要一环，它反映着编辑的学识水准及高度概括抽象的能力。文案提炼力建构表现在诸多方面，比如，书稿的内容概括、书名的取法、书腰（宣传）广告语的提炼、写书评文章等等。编辑的文案提炼力某种程度上也反映着编辑的认知力水平。

书稿内容概括，看似简单，其实不然。以往为报纸推荐新书、撰写内容简介，只要文笔流畅，大致介绍一下书的内容，就算完成任务。现在面临多媒体环境，推荐新书，不仅要具备以上条件，还应考虑内容逻辑的安排怎样适合多媒体形式，考虑如何在海量信息恣意汪洋的瞬间，抓住读者的眼球。这是新阅读环境下一种对编辑综合素质、真功夫的考验。

取什么样的书名，颇费功夫，有时需要集体的智慧，但主要还是编辑的职责。除了对书稿内容的精准把握之外，还要对市场有所洞察与了解。当然我们不是要跟风，但要对读者的审美意识流向做到心中有数。一本好书，加上一个好的书名，就会迅速进入读者的视野。为好书取一个好书名，最大限度地考验着编辑对文本等因素的综合提炼力。

宣传广告语的提炼，也能考验一个编辑的文案功底。好的宣传广告语，如果打在腰封上，呈现在书店里或网上书店的页面，就是一道靓丽的风景线，它既能迅速捕捉读者的眼球，也会产生一种审美的愉悦，从而勾起他们对阅读的渴望。这样的提炼，才能真正打动并进入读者的内心，从而产生好的实际效果。

有很多读者往往是看了一篇书评，才产生一次购买图书的实际行动的。如果一个编辑也能成为书评写作的高手，那对于自己所编辑的图书的推广与销售，就会如虎添翼。因为除了作者，可以说没有谁比编辑更了解一本新书（正式上市前）了。编辑自己也“会”写书评，就会比市面上隔靴搔痒、不得要领的大部分“书评”更有质量、更可信。

编辑人格建构的最高境界是塑造“编辑灵魂”

笔者在2013年接受《编辑之友》的沙龙访谈时，首提“编辑灵魂”概念，曾引起编辑出版学专业相关学者的关注，并将它纳入该年度学科领域的成果“新亮点”之一予以概述发表。“编辑灵魂”其实就是指构成“编辑人格”各要素（认知力、情感力、意志力、责任力、审美力等）的有机整合、“协同作战”与高度升华。如果把构成编辑人格各要素比作为一件件乐器，如小提琴、大提琴、小号、大号、双簧管等等，那么，由它们协力合奏出的一曲高亢、激越、华丽、奔放的大型交响乐，就是“编辑灵魂”。加强编辑人格建设，不但要着眼于从整体上提高编辑人格水平与层级，更要着眼于从每个环节、每一要素不断提升其能级与水准，尤其是要针对薄弱环节采取各种办法进行有效提升与重点突破，从而达到补齐短板、让各个要素齐头并进之目的。因为，只有各个要素日臻完善，才能不断向炉火纯青般的“编辑灵魂”之化境迈进。不可想象，一个不入流的小提琴手与小号手加入的乐队，能奏出慷慨激昂、华丽盛大的乐章。由此可见，塑造“编辑灵魂”是编辑人格建构的最高境界。

“编辑灵魂”是编辑人经过长期努力、不断实践、不断精进而锻造出来的，它一定是成熟、优秀乃至杰出的编辑人所具有的职业精神特质。“编辑灵魂”强大的编辑人，一定会在某些方面或多个方面表现突出，甚至是出类拔萃。通过他向社会推出一部部精品力作，他可以是职业的标杆，甚至可以成为时代精神的坐标与符号。我们也可以说，判断一个编辑人、出版人是否优秀（杰出）以及优秀（杰出）到何种程度，就是看他（她）是否塑形了“编辑灵魂”以及他（她）的“编辑灵魂”塑形、修炼到了何种程度。

“编辑灵魂”是从成功的经验累积得来，也由失败的教训磨炼而来。战场上的“常胜将军”，一定是在血与火的洗礼中诞生，具有“编辑灵魂”的优秀编辑也同样来自对图书市场那只“看不见的手”的洞悉与把握。“编辑灵魂”常常表现为一种编辑人行为与意识的直觉，成为优秀编辑人的一种特殊的精神征象。

在互联网多媒体转型的环境下，编辑出版人（尤其是传统出版人）表现出了前所未有的焦躁情绪。这种焦躁情绪的蔓延，导致了出版界“编辑灵魂”整体的缺失与“不在场”。审美意识的淡薄或扭曲，带来了出版物的庸俗之气；责任心的缺位，带来粗制滥造与差错率的上升；判断力的下降，导致大量重复出版及资源的浪费；文案力走偏，带来虚张声势的误导；意志力、交往沟通力的式微，导致优质、稀缺出版资源的流失……因此，加强“编辑灵魂”的建构，已经成为业界迫在眉睫的一项任务。

编辑人格建构的有效途径

激发内在的使命感、责任感

如前所言，一个社会的精神面貌、精神气象，从某种意义上说，取决于编辑队伍的整体精神状况与精神气象。编辑承担着文化建设与文化繁荣的使命，他选择什么、提倡什么、为社会提供什么样的精神大餐，一定程度上决定着社会文化的走向与命脉。因此，从这个大方面来说，编辑之于社会的价值十分重要。也只有从这个层面不断激发编辑的这种特殊的职业意识，激活他们的“内省力”，让他们在“编辑灵魂”塑造上确确实实多下功夫，才能不负众望。

案例分享

编辑出版界的成功案例数不胜数，甚至每天都有精彩、精妙之处，值得编辑人参照学习。当然，失败的案例也不少，它也应为从业者所重视，并从中吸取教训。笔者以为，案例的真实分享，才是对编辑出版人员最好的“教育”。像任何事情的成功一样，能编出一本业界、读者都叫好的书，并不是偶然的，其背后必有不为人知的“故事”。这些故事或励志能量满满，或抒情意味深长，或蕴含做人做事道理，或在编辑判断力、审美力、责任力、文案力、沟通力等方面能给同行启发，对其他编辑人而言是“编辑灵魂”塑形的最好教材。与此相对照，“失败”案例也能揭示其背后隐藏的某种“必然”，能让从业者少走弯路，能在奋进的道路上少一些试错的教训。笔者了解到，商务印书馆就有这样的“失败”案例教育的“传统”，拿业界或自己身边编辑出版的“失败”说事，不失为一种明智之举。

率先垂范

《论语》中有一句话：“其身正，不令而行；其身不正，虽令不从。”俗话说，打铁还得自身硬。因此，编辑出版单位，身居领导岗位的从业者应率先成为编辑人格建构、“编辑灵魂”塑造的典范。只有这样，才能首先保证风清气正，让人信服，才能为工作打开一个新局面。如果身居要职，责任心不强，在判断力、审美力、沟通力等方面不能起到正向的引领作用，事业的发展就会严重受阻，其结局可想而知。

改革体制、机制，正本清源，理顺关系

要充分发挥编辑人员的作用，推动文化事业的繁荣发展，就必须充分调动、激发广大编辑人员的积极性与创造性。而这一切都要靠一套合理的体制与充满活力的机制做保障，否则一切无从谈起，就可能成为水中月、镜中花。合理的体制与充满活力的机制的建立，应尊崇出版及文化事业发展的规律，尊崇人才成长与管理的规律，一切以人为本，建立一套科学的人事管理制度。

建立开放式编辑课堂，激发创新意识

互联网多媒体信息化时代，为人们的终身学习创造了前所未有的便捷条件。编辑出版人员也应不断“充电”，只有不断开拓视野，不断汲取思想的营养，才能不断激发潜力，保持活力，充满创造的精神。传统出版的发展趋势、新媒体的发展前沿、业界新事物的诞生、新翘楚的出现等等，都应成为关注、交流的内容。因此，建立开放式的编辑课堂，不断焕发新的活力，是编辑人格建构的有效途径。

编辑人格建构是一项长期的系统工程

编辑人格建构是一项长期的系统工程，具有复杂性与长期性、现实性与紧迫性、稳定性与前瞻性等特征。

编辑人格建构的复杂性与长期性

从“编辑”作为一个行业、一种职业来看，从事编辑工作的人有多种。从技术层面划分，有传统媒体编辑，如报纸编辑、杂志编辑、图书编辑、广播电台编辑、电视编辑等，有新媒体编辑，如各种平台网络编辑等；从编辑出版过程中各自承担职责的不同来划分，有文字编辑、策划编辑、营销编辑等；从年龄结构及入职先后划分，有老编辑（资深编辑）、年轻编辑、新编辑等；从传统学科划分，有文科编辑（文学编辑）、理工科编辑等；从学术视野划分，又有学术编辑及非学术编辑；从努力程度、工作成果及影响来划分，又有所谓"优秀编辑"与"一般编辑"之分；从"修炼"程度来说，又有"编辑家""编辑匠"之说。凡此种种，足见其"复杂"。但虽"复杂"，编辑的人格建构应有宏观层面及整体性、普遍性、一般性的要求。除此之外，还应更多考虑在什么情境下谈"人格建构"，面对的具体主体（个体）是什么，它有哪些特殊情况，需要解决的主要矛盾又是什么，等等，切忌泛泛而谈，一概而论，应根据具体情境，制定具体的"建构"任务。

编辑的人格建构也是一个不断向前推进、发展的动态过程，不会一蹴而就、一劳永逸。它需要从业者随着社会的发展、变化付出持续的努力。可以说，编辑的人格建构，永远在路上。

编辑人格建构的现实性与紧迫性

自从人类开始进行思想创造并试图传承、传播以来，"编辑"这个行业就诞生了。可以说，编辑事业，古老而常青。说它古老，是说这个行业的历史悠久，一代一代的编辑人，前赴后继，传承着人类的精神命脉，从未中断。说它年轻，是说这个职业在不同的时代面临着不同的课题与挑战。不论什么环境下、什么性质的编辑，他总是某一时代条件下的编辑，社会的变革、经济的发展、文化的繁荣、理论的创新、技术的突破，都对编辑提出了更高的要求。面对这些时代的挑战与要求，编辑也应作观念与素质的自我革命，才能不断焕发新的生命力。当下出版环境发生了剧烈的变化，尤其是随着新媒体技术的迅猛发展，传统媒体面临着全方位转型的巨大压力。在“新”“旧”摩擦之间，传统编辑进退失据，人才队伍流失严重，从而暴露出许多亟待解决的问题。就新媒体而言，普遍素质不高，入职门槛较低，粗制滥造甚至一些低劣的文化产品一度大行其道，广为流布。整个编辑出版界普遍存在着编校质量下滑、重复出版、效率低下、库存积压、浪费严重等不良现象。放眼望去，虽然新媒体、旧媒体，编辑从业者芸芸，但“编辑家”严重缺位，这已成不争的事实。这一切都表明，当下编辑的人格建构似乎出现了较为严重的问题。而要解决这些现实问题，加强编辑人格的建构或重构，显得尤为紧迫。

编辑人格建构的稳定性与前瞻性

我们知道维系一座宏伟大厦屹立不倒的因素主要有三个：牢固的根基，坚硬的材质，合理的结构。如果把编辑工作比作一座延续千年的宏大建筑，那么，不妨说维系编辑这个事业的，也要依靠三个要素：传承文化的使命感与责任担当、坚强的毅力以及精神的“合理”建构（责任力、认知力、判断力、审美力等一应俱全）。正是由于编辑群体的这种“精神建构”基本面（主干）代代相传，才有了今天我们拥有的廓大而丰厚的精神财富。这是稳定性的一面。在“稳定”的同时，时代的变幻、角色的转换等等，要求编辑人格建构的外延趋于扩大，内涵也日趋丰富。比如，《现代汉语词典》（第七版）对“编辑”活动的解释是：“对资料或现成的作品进行整理、加工。”这里仅仅把编辑工作解释为文案（案头）工作。这也是传统社会很长一段时间内对“编辑”活动的定义。但随着社会的发展，文案外的“策划”“营销”活动，也被纳入“编辑”活动的应有之义，显然这是对传统意义上的“编辑”活动的丰富与发展，这也成为当代编辑人格建构不可或缺的内容（策划营销中的判断力、沟通交往力等）。新技术浪潮催生的新媒体的迅猛发展不可遏制，是大势所趋，这也对“传统编辑”提出了新的挑战。面对前所未有的新的媒体平台，编辑的环节、手段及运作方式也发生着较大或质的变化，编辑要努力适应这种转型与变化。作为时代精神的传播者与瞭望者，编辑要有这种敏锐度与前瞻性。

（本文刊于《编辑学刊》2019年第1期，发表时有删节）

提炼与拓展

1. 编辑虽然不直接参与社会精神生产的过程，但对其有着深远的影响。这种影响主要表现在两个方面：一，编辑通过判断、遴选社会精神产品，再经过编辑加工、策划、包装等，以完整的产品形态推向社会，从而影响并推动社会的精神文明发展。一般而言，编辑喜欢什么，他就努力推动什么，高扬什么，因此，编辑的精神文明价值尺度，在全社会起到一个示范与引导作用。二，编辑通过更加主动地策划选题、推动作者创作及营销等活动，主动介入社会精神生产的过程。因此，编辑的精神活动、结构、层级、境界、人格等，直接关系到社会精神生态的面貌。

2. 编辑人格建构涉及很多方面：认知力、判断力、意志力、审美力、自我认同力等。认知力、判断力决定着编辑工作的质量，意志力决定工作的效果，审美力决定产品的“温度”，自我认同力决定着产品的“个性”。市场经济尊重并弘扬“个性”，越是有个性的产品，往往越有价值，表现在市场上也往往越具竞争力。从某种意义上说，编辑个性的解放，创造力的释放，从根本上有助于精神产品市场的繁荣与兴旺。
3. 自我认同力的日渐形成，也是编辑职业成熟的重要标志。
4. 本文提出的“编辑灵魂”“自我认同力”等概念，是我的自由发挥与“创造”。

思想无缰　创意有魂

——创意出版应厘清的五种关系

出版业作为创意产业，是为了出版业适应市场环境、适应全球化的挑战才提出来的。而要在中国现有的实际环境中实现出版业的“创意化”，不是说说就能达到的，必须跳出现有的观念的窠臼，首先实现观念形态的整体变革。观念指导实践，根本观念转变了，才会有实质上的出版业的根本变革，才能推动中国出版业的大发展。

笔者认为，出版业观念的根本转变，首先要厘清五种关系：

意识形态与非意识形态的关系。作为文化产业的出版业，不可避免地受到意识形态的制约。民族宗教问题、国家主权问题等，任何一个国家的出版业都要涉及，并为之服务。但我们也要掌握好分寸，不可把什么问题都“意识形态化”。比如出版界有一种现象，一些稍有涉及国家主权、民族宗教等重大问题的所谓“敏感问题”，便不问具体情况一律加以规避。这样，一些具有真知灼见的选题，或一些闪烁智慧火花、有独到见解的文章，有时便被淘汰，或去头掐尾只剩下干瘪、枯燥、乏味的内容。这样一种长期以来形成的过度反应的“过敏症”，一定程度上扼杀了真正思想的生产和传播。没有百家争鸣、百花齐放的舆论思想的繁荣，何来创意？放眼望去，出版业（传统出版社）墨守成规者甚众，敢于大胆探索、尝试者，甚至敢于承担风险者甚少。

内容与形式的关系。长期以来，出版界一直坚持“内容为王”的出版理念，一味强调内容的科学性、严密性、原创性、深刻性，而忽略了形式的多样性和丰富性。表现在选题论证上，首先考虑作者的资历、学历和研究背景。一旦选题、书稿得到确认，主要任务就完成了，一下就进入生产流水线。对内容的呈现及表达方式，内容的空间布局与排列，装帧设计、纸张选择，受众读者的趣味分析及市场调查研究等，没有提高到与内容同等重视的程度。随着经济和社会的发展，社会阶层的变化以及市场竞争的日益加剧，对图书的“形式”的要求也越来越高，总的趋势是越来越人性化、艺术化。同样的内容不同的呈现方式（甚至包括个性化的营销方式），市场的命运就可能决然不同。比如最近中央编译版的《沉思录》，市场业绩就比三联版的《沉思录》要好，虽然是同一本书，同一个作者，甚至是同一个译者。

学术与大众的关系。长期以来，有不少出版社一直以出版学术专著为重、为荣，一家出版社如果没有出版过大部头学术书，那是不可思议的事情。如果学术专著出版的越多，而且获奖的也越多，就越被认为是一件荣耀的事。这是一个认识上的误区。著名学者陈思和先生曾撰文说，在美国等发达国家，出版学术著作的只能是专门的高等教育出版社，除此之外的其他出版社都面向大众市场而出版。学术出版固然必要，但不可一拥而上，否则一边学术出版的“学术含量”就受到影响（哪有那么多学术上有建树的作品可出），另一边占人口多数的大众读者就被严重忽略。现在（包括以前）的情况是，如果哪位学者一旦“走红”，跟大众亲密接触，就会被众多“学者”嗤之以鼻，甚至炮轰，还被贬为“没文化”。以前的余秋雨是这样，现在的易中天也被冠以不乏贬义的“明星学者”之名。这是一种不正常的现象，反映了我们一些人的思想僵化、固化。学术和大众是有明显界限的，但如果学者将他的学术思想、观点，用一种大众所喜闻乐见的方式（包括书写的方式）传播出去，进而影响大众，提升大众的文化思想素养，这是一件多么功德无量的事情，应该加以鼓励弘扬才是。可我们的有些“学者”却依然视“大众”为低人一等。这样做的后果是，我们的图书市场需要100个余秋雨、易中天这样的作者，结果98个被引进版的外国作者所侵占，他们的图书在国内市场大行其道。出版者首先要突破这种长期占据我们脑海的学术本位观念，树立起市场本位的观念。

传统与创新的关系。出版社有很多好的传统，比如编辑对书稿的处理认真负责，要求编辑学者化、爱岗敬业等。但许多传统出版社坚持传统有余，奋力创新不足。表现在思想观念上，依然视某些“创新”为异类。比如某著名出版社的一个刚进社不久的“小”编辑，接连策划出版了几本超级畅销书，因影响巨大，业界称其为第一个敢于吃螃蟹的人。但他的一位上司（总编助理、编辑部主任）在一个公开场合以一种轻蔑的口吻称他为“小编”，“一不留神碰上的”云云，还说他连稿子都看不好呢。传统出版社领导一般认为，刚进出版社的年轻人都要从校对干起，不经过几年的磨炼，是不能甚至没有资格策划选题的。如果我们还是以这样的眼光、观念来经营一个现代市场经济条件下的出版社，结局可想而知。要过日子，只能靠卖书号了。编辑加工固然是编辑的第一要务，但市场策划、营销乃是当下出版社的生存、发展的重中之重。最近有几家锐意进取的大社，将策划和编辑加工职能相对分开，专门成立“编加中心”，以发挥编辑各自的优势，是一个可贵的举措。

精神产品生产的一般规律与产品的“当下性”的关系。只要人类生存繁衍下去，精神生产就会一直延续下去。要充分发挥出版产业在整个人类生产、生活中的作用，就必须要清醒地认识我们所处的现实环境。一方面，我们不仅要认识全球化背景下的出版状况，认识全球人类共同面临着的诸多问题在精神领域的反映，另一方面，我们更应该了解当下中国人所面临的现实处境，包括精神生态。而且这种了解越全面，越丰富，越深刻，我们所从事的精神生产和出版业，就会越有针对性，也就越能发挥我们出版的作用。而这与出版的市场化进程的推进也是相吻合的。著名出版人金丽红在分析郭敬名的畅销书《悲伤逆流成河》卖不过《于丹〈论语〉心得》时，得出一个结论，就是于丹的书契合了当下中国人的特定心理需求，很“实用”，而郭敬明的作品则是虚构类小说，离“现实”较远。于丹的过人之处就在于她对当下中国人的心理世界的洞悉与微妙把握。这一点值得出版人借鉴。

（本文发表于《出版广角》2008年第10期）

提炼与拓展

1. 数年前，出版被一些人聒噪为“创意产业”，我就纳闷：身处其间的我，为啥就没尝到“创意”的滋味呢？相反却感到束缚重重，僵硬、僵化无处不在。思考之后，有感而发，写了这篇小文。窃以为，正是由于几种关系没能厘清，从而使本来极具创意活力的出版业，变得像一个鸡肋。
2. 一孔之见，仓促行文，思考不够深入在所难免。话又说回来，就是思考得再深邃，又能怎样呢？

文本转换在当下出版中的意义

追求图书的经济效益与社会效益的有机统一，努力扩大图书品种的市场销量并以此扩大图书的社会影响力，是当下出版人所梦寐以求的。但要在如今激烈竞争的图书市场中胜出，可不是一件容易的事。关注当下出版市场的一种常见现象——文本转换（出版文本即出版物内容与形式的统一，文本转换即由一种文本向另一种文本的转变），并在此基础上做些认真的调查与研究，可能会帮助你达到目的，取得成功。

文本转换是社会转型、变革与发展的内在要求

不知从何时起，出版物市场变得日益繁荣起来，出版图书的品种和数量大大增加。到目前为止，全国每年要出版近20万种书（包括重版），国人从过去的那种书荒年代一下子掉入了琳琅满目的书

的海洋。就像人们从过去物质匮乏、生活相对贫困的年代走到今天物质丰富、温饱问题已基本解决的年代一样，人们也由追求物质生活的多样性和“个性化”，开始追求精神生活的多样性、丰富性和个性化，把过一种“有质量”的精神生活作为一种价值导向。表现在图书市场上，读者显然已远远不满足于以前的（尤其是计划体制下形成的僵化和呆板的出版观念和模式）出版物文本（文本即内容与形式的统一），在选购出版物时呈现出更高层次的要求。尤其是对外开放环境下外版优秀读物的引进，更是吊高了读者的胃口。互联网技术的广泛运用，各类网络出版物的兴起，尤其是海量的呈个性化特色的博客出版（尽管泥沙俱下，但不可否认确实打开了读者的眼界，让阅读和写作拥有了更加广阔和自由的空间，同时网络出版中也不乏优秀书写者）的风起云涌，这一切都为当下的出版人提供了以市场为导向，跟踪读者需求变化，充分利用已有的出版物文本资源优势，掌握市场信息，适时进行“文本转换”的土壤。

文本转换是社会转型在出版界的反映，它是社会转型在人们思想观念中的反映，从某种意义上说，它也是不以人们的意志为转移的。社会在变，一切在变，出版当然也得变。当我们还沉浸在过去的那一套陈旧的思维观念中不能自拔，甚至还将什么供奉为“圭臬”而仍然在那里指手画脚时，当我们不自我反省、改变自己，而是在指责世风日下，读者趣味、品位滑坡、降低，甚至还在做困兽之斗时，那简直就在重演唐吉诃德的悲剧甚至是闹剧。笔者若干年前曾在一家出版社当编辑，一次，总编辑在向编辑“训话”时，以一本学术大书的装帧设计为例，吐沫四溅地横加指责某一出版社的所作所为，说那简直就是在糟践庄严神圣的学术出版。他指责的不是这部书的内容，而是它的外在呈现形式。末了，那位总编辑语气稍缓但依然严肃地说“学术著作哪能这样做呢”云云，俨然一个正统学术出版的卫道士。有一青年编辑实在忍不住了便站了起来表达自己的意见：学术著作我认为可以这样做，它的装帧活泼而典雅，又不失庄重。末了他还来了一句反问：这样做怎么不可以呢？！顶撞那位大权在握的总编大人的后果是，总编大人依然是总编大人，而那位青年编辑最终出走。

实践证明，若干年前那位青年编辑对那本学术大著装帧设计的大胆看法是对的。至少他敏锐地捕捉到时代变化的蛛丝马迹，他感觉到社会变革中人们对一切陈旧的东西的“求新求变”心理。一切墨守成规、思想僵化的做法必然会被淘汰。事实最终也证明，在那位总编大人的领导下，员工人心涣散，缺乏勇于开拓图书市场的合力和向心力，那家出版社由此江河日下，销售码洋节节下滑，最终年年亏损，在竞争激烈的图书市场败下阵来，从此一蹶不振。再以广西师大出版社为例，若干年前，它从一个默默无闻的地方大学出版社，一跃而成为中国学术出版的重镇，一匹脱缰而出的黑马，名满天下，甚至一时成为学界文化人（包括读者）追慕的理想国，这不能不说是一个奇迹。而这奇迹诞生的关键之处就在于该社一群出版人适时抓住了学术出版文本转换的契机，开创了学术出版和文化出版鲜活样本的先河。它的成功说起来也简单，不过是对以前已出版的古今中外的学术经典文化名著的重新梳理和包装而已。注意这里的关键词是“包装”二字。大气的开本，疏密有致的文字排列，典雅的设计配上柔软适宜的纸张，令人耳目一新，一扫过去年代学术著作、经典著作出版的呆板阴沉与肃杀阴郁之气，鲜活的文本呈现方式让天下读书人神清气爽，如沐春风，那种精神家园特有的魅力有如关不住的“红杏”肆意地从墙头那边探出头来。试想，现在如果还沉浸在过去那种只重内容不重形式（所谓内容为王）的文本窠臼里，还把一本学术著作和经典文本做成过去那样灰头土脸甚至贼眉鼠眼的样子，还有读者问津吗？

对经典作品的重新解读，是当下文本转换的一大特色

文本内容的转换，往往表现为同一文本内容的不同解读方式。比如，到目前为止，关于传世经典名著《红楼梦》的解读版本就达数十种之多。这其中既有传统红学专家（如周汝昌）的研究专著，也有俞平伯、王国维等一流文化大家的解读专著，同时在当代又涌现出具有新时代特色的多家“红学”解读版本。比如有作家刘心武解读的红楼梦版本，著名作家王蒙解读的红楼梦版本，就连在央视《百家讲坛》开讲《聊斋》的马瑞芳也赶来凑热闹，拿起了

“手术刀”，开解《红楼梦》。还有一个叫西泠雪的白领新贵，干脆直接模仿曹雪芹老人的笔法，续写起《红楼梦》，而且是一部接着一部，一发不可收拾。非但如此，另一个有着“红学家”头衔的人竟斗胆做起了当代脂砚斋，为那位当代“女曹雪芹”的红学大著做起了当代“脂评本”。在这里我要重点提一下的是，最近有一个后起之秀，刚从北大毕业的二十几岁的新锐，名叫郭甲子。她不仅有好的文笔，还有着这个年龄段女孩少有的洞察世界的犀利和敏锐。《红楼梦》她早已烂熟于心，对其中的很多人和事都能轻而易举地说出个道道来，而且出言不凡，句句在情合理，且往往有让人讶异、敬佩的独到发现。二十几岁的人能读到这种程度确属不易，与那些前辈和一些“大家”相比，她以她的超凡的才气和坚韧的努力，在解读《红楼梦》这部经典面前，可以说她并不逊色，差异仅在于“一个二十几岁的女孩眼中的红楼梦和她心目中的红楼梦”。她撰写的《二十几岁读红楼》也即将出版。凡此种种，仅一个红学经典著作就有为数众多的解读版本，俨然呈百花齐放、百家争鸣的大好局面。虽各是一家之言，而且解读的角度、叙述的方式也各不相同，但却为读者的多样化选择提供了极大的便利。就年龄而言，年龄大的读者可选择年龄大一些的作者写的版本，这样容易产生人生的共鸣，而偏于轻松阅读和休闲阅读的读者，可选择相对应的文本。因此，同一内容的多版本呈现，打破了过去单一由专家以研究专著的形式呈现出的一元化文本选择模式，从而为读者根据自身实际做出更好的选择提供了可能，这不能不说是新形势下文本转换带来的结果。

从传世经典文本的解读中，获取当代需要的价值，是文本转换的一个出发点和归宿。于丹讲《论语》就是一个成功的典型。社会转型时期，面对种种矛盾和困惑，很多人对人生产生了迷茫和怀疑。于丹对孔子及《论语》的独特解读，将孔子作为我们的心灵导师，在那里对我们侃侃而谈、诲人不倦，他一会儿风尘仆仆一脸倦怠，一会儿又悠然自在和颜悦色，仿佛他就坐在那遥远的年代以一个哲人和智者的温婉形象与我们面对面促膝谈心。他仿佛就是为我们而生，是这世界派到人间来解开我们的一个个心结的，在我们心灵最黑暗的时候为我们点亮一支蜡烛，照亮我们前面要走的路。于丹的讲解满足了人们的心灵渴望，唤起了人们对生命的珍重和对人生的勇气与信心，让人们又一次重新捡起丢失已久的对人生命题的思考。这种讲解一改过去高头讲章式的口吻，既深入到文本的内核攫取其精髓，又打开了当下人们心灵的郁结，用那采自经典文本内核与精髓的元气，一点一点融化我们心头的一个一个郁结，直至那郁结处开出一朵朵灿烂的花朵。于丹对孔子及《论语》的解读获得了巨大的成功，它的成功就在于作者善于充分地发掘经典文本中对当下“有用”的任何信息，并作自然的发挥，然后充分地“为我所用”。通过对经典文本的“当下”解读，也再一次证明了经典文本的不朽价值。

此外，易中天讲三国，也一破传统讲法，对三国中重要人物大胆而富有趣味的形象化解读，既满足了变革时代人们“求新求变”的心理需求，更满足了读者对人生职场甚至官场等的潜在“智谋”的需求。还有近几年畅销一时的《水煮三国》《孙悟空是个好员工》等优秀出版物，将管理学的知识与技能融入三国故事的叙述中，让读者在有趣地阅读三国故事的过程之中，轻松学习、领悟和掌握现代管理学的精要。被誉为国学大师的南怀瑾，其著作深受读者欢迎，他在著作里谈哲学、谈宗教、谈人生、谈文化等等，尤其善于将自己的研究心得与亘古的人生重大命题紧密结合起来，并用娓娓动听的语言阐发他对人生的洞见，因而广受追捧。最近，有出版人策划出版了他的一部著作，书名为《漫谈中国文化》。在这本书的封面的显要位置标出一行字:“金融 企业 国学”，编者的意图显而易见，一目了然。他试图将南怀瑾的国学研究与当下颇为热门的“金融”“企业”挂起钩来，试图从南怀瑾的国学研究中发掘对金融业、企业的“新价值”。我记得北大曾经还开过一个专门针对女企业家的“红学班”，专门传授和研讨王熙凤的管理策略。如今遍地开花的专门针对大企业高管的这个班那个班，或打上“国学”的名号招摇天下，或不惜重金请一些国学名教授授课，这里且不论这种种做法的实际效果及社会影响如何，但有一点值得注意，就是反映了从经典文本中寻找当代价值，并为当下所用，这是一个不争的事实，它也反映了当下出版的一种现象和趋势。

文体转换、双语出版是当下文本转换的亮点

文本转换还有一种现象表现为“文体”的转换。例如，《输赢》《圈里圈套》等出版物，它是以小说的形式，将谈判、营销、企业竞争等知识技巧及企业战略等“现代商战兵法”演绎得淋漓尽致。让读者一别过去读教科书的枯燥和乏味，把读者从过去单一的系统知识传授文本中解放出来，也让读者认识到学有用的知识还可以通过有趣甚至引人入胜的方式。《杜拉拉升职记》一经出版便受到年轻职业人的追捧。它不只是一部好看的小说，更是一部给读者万千启示的、关于职场生存法则的优秀小说。以往我们也见过职场生存竞争类的读物，有的还是从国外引进出版的，但它们大多还是事无巨细地教你怎样做以及这样做的原因。这类读物往往注重实际操作性和实践的计划性，而没能像小说那样将吸引读者的情感因素灌注其中，从而缺乏打动人心的力量。目前已经出版到第六部的《明朝那些事儿》，算是这类现象中一个典型的典型。过去历史教科书式的叙述编排方式，早让读者倒了胃口。本来历史鲜活的一面被那些躲在教科书之后的所谓专家学者们一刀一刀阉割了。而到《明朝那些事儿》横空出世，用文学手法再现历史的写法，则让读者过足了一把瘾，享受起一边读历史一边还可以沉入历史的瞬间，和历史人物一起沉浮一起悲欢，一起演绎一起主宰那一段或辉煌灿烂或雄浑悲壮、尘封已久的鲜活的历史。

双语出版眼下已成为一种时尚。大约十几年前就有如外研社等大牌外语类专业出版社作过尝试开了先河，出版了英汉对照读物，迎合了一部分读者的需求，但还不成气候。随着国民受教育程度的提高和受教育范围的扩大，加上对外开放程度和范围的日益加大，中国文化在世界范围影响的日益增强，英汉双语对照出版物市场也日趋成熟，并成扩展之势。比如，上海三联与北京一家文化公司合作推出的“买中文版送英文版”的世界经典双语系列，包括了《瓦尔登湖》《君主论》《国富论》《菊与刀》等世界名著在内，别出心裁，将中文译本与英文原著捆绑在一起销售，一改过去单纯销售中译本或单纯销售外版书的状况，既贴合了英汉对照阅读者的阅读时尚，也给读者制造了一种在经济上“划算”的感觉，从而促进了销售。据出版策划人介绍，这套书在图书市场上表现不俗，销量节节攀升，他们将继续扩大该系列的品种规模，以满足读者的需要。这种做法，也可以说是出版文本转换的另一种形式。

文本转换还表现为利用相关信息进行营销手段的创新

出版文本的转换，还表现在利用相关信息进行营销手段的创新上。人类发展到今天，文化积累已很多。人类的几乎每个时代（当然是从有文字记载开始）都会积累下经典文本流传后世，充实和丰富着人类精神文化的宝库。历史就好比是一个大仓库，里面装满了琳琅满目的各类文化商品，我们需要什么，都可以随手从仓库里拿出一件来，或在现实中牵连到某一产品，我们也可以随便挑出它来做价值观照。《沉思录》是一本由古罗马皇帝著述的关于人生种种问题的哲学思考集，早在十几年前就由何怀宏翻译，由三联书店出版发行。它此前一直在小圈子里流传，社会影响不大，销量也很有限。某一策划人在捕捉到温家宝总理和美国前总统克林顿喜欢读这本书的相关信息后，在中央编译出版社重新推出这本书，并在腰封上打上醒目的几行字：温家宝总理和美国前总统克林顿的枕边书。结果这本书一下子便从书的汪洋大海中浮现出来，迅速蹿红，进入大众读者的视野。它的销量也一路飙升，接连数月跻身全国社科类图书销售排行榜的前列。接着出版者又借势推出同类型关联作品《道德情操论》和《智慧书》，风格相近的设计，让读者产生一个大板块大整体的联想，爱屋及乌，读者就会因为喜欢《沉思录》而可能再挑选这几本书，从而拉动了销售。接下来不久，沿着这股由《沉思录》带来的出版热，南京一家出版社在大受启发之下，又推出一个由梁实秋先生早年翻译的《沉思录》版本。出版社在“译者”上做起了文章。这本书一反已出版《沉思录》的中小开本而选择了大开本，塑封设计，显得落落大方。腰封上同样醒目的文字吸引了大众的眼球：你知道温家宝总理喜欢读的《沉思录》是谁翻译的吗？他喜欢阅读的那本书是梁实秋的译本。要读《沉思录》就读大家翻译的版本。版本转换由此带来的出版联动效应是明显的，它不仅制造了新的出版阅读热点，还让文化产品的“潜在”价值变成了“显”价值，为更多的人所关注和接受，这样原有文化产品的价值又一次得到充分利用，从而使出版在文化传播中的功能也又一次得到提升。

根据文本的特定属性，有效实现文本的转换

根据已有出版物文本的某些特定属性，转换其文本，再把它输入特定渠道，传播到某一特定人群，从而最大限度地发挥文本的社会效应，这是出版者的任务和使命，也是出版工作者自身价值的又一体现。

几年前，我曾策划出版了著名散文作家梁衡先生的文化大散文著作《把栏杆拍遍》和最近走上央视《百家讲坛》的青年学者鲍鹏山的文化散文著作《寂寞圣哲》。在图书出版后，我曾接到过不少读者的来信，有的倍加推崇作者的作品并询问作者的联系方式，有的直接把汇款邮寄给我让我代为买书。在来信中我发现一个现象，那就是来自全国中学的师生比较多，还有河南一个高级中学的语文教研组老师集体购买这些书。不久，上海一所著名中学的语文老师还直接给我打电话要买上百本的书，以便让他的学生人手一册，作为课后第一读物。我想他们之所以更加喜欢这两位作者的文字，主要是被这两位作者流畅的文字间蕴含的非凡思想及强烈的生命意识所打动。之后我还了解到，这两位作者都有作品（梁衡的有多篇）

被选入全国高中语文教材。既然他们的作品与中学语文教学如此“有缘”（梁衡曾意味深长地说他与教育有缘，恐怕也就在此），何不再做点文章呢？综合这些信息，我迅速产生一个念头，那就是对他们的作品做二次开发。如果说第一次开发是面向大众读者的，那么第二次开发就直接面向全国的中学师生这个特定群体。既然要面对这个群体，就必须了解这个群体的“特定需要”。于是，我物色了一位有多年丰富教学经验且文笔很好的语文老师做主编，让他组织一支编注队伍，对包括梁衡、鲍鹏山在内的部分作家的作品进行二次开发，依据中学教学的实际和学生的阅读水平，在重新编选作者佳作的基础之上，让一线的语文骨干或著名中学的名师适当加以导读和点评，以便学生更好地阅读，从而达到提高他们语文素养的目的。于是，在利用这位主编所在名校的号召力的基础上，推出一套“上海市著名中学师生推荐书系”，丛书分两次推出，几乎囊括了现当代与中学语文有“特定关联”的著名作家，包括梁衡、贾平凹 、鲍鹏山 、刘亮程 、李元洛、夏坚勇、朱鸿等，也取得了不俗的市场业绩，单品种销售量大大增加，是“第一次开发”作品销量的好几倍。仅梁衡的《把栏杆拍遍》在二次开发后，两年时间内就加印了八九次，朱鸿作品集《夹缝中的历史》的销量也是翻了好几倍，作家刘亮程已出版过的《一个人的村庄》“二次开发”的书名改为《遥远的村庄》，它的销量也节节攀升。这样的尝试完成了文本的转换，既得到作家本人的认同，也收到良好的市场效果，同时也放大了文本本身所蕴含的价值效应，可谓一举多得。

文本转换的内容和形式多种多样，不一而足，探索永无止境。本文挂一漏万，抒发自己的一孔之见，意在抛砖引玉，引起广大出版同仁的关注。笔者认为，文本转换与时代转变及社会发展同步，势在必行。只要我们出版人勇于进取、大胆开拓并努力解放思想、与时俱进，身体力行、付诸行动，我们就会在出版文本转换的过程中有所作为，并取得成就。文本转换又是一个系统工程，它涉及文本所包含的内容和形式的各个方面与各个环节，也只有我们出版人踏踏实实艰苦工作，才能不负历史所赋予我们的这一使命。

（本文发表于《出版广角》2009年第4期，中国人民大学书报资料中心2009年第9期《出版业》全文转载）

提炼与拓展

1. 任何一本纸质图书独立的文本，都会包括两个要素：内容与形式。内容表现为文字所承载的信息，形式表现为承载文字的一切介质，包括开本尺寸、装帧设计、装订材料等。形式也可表现为文字的陈述、表达方式，就图书外在包装而言，它又可以是内容的组成部分。
2. 时代在发展变化，文本也应该随之而变，不能“以不变应万变”。当然，变化应有章法、逻辑、规律，不能随意而变，更不能为了变而变。

3. 在出版实践中，我将一批学者、作家的作品，经过“文本转换”推向市场，获得了较大的成功。以梁衡的《把栏杆拍遍》为例，在“变换”之前，《把栏杆拍遍》年销售3000~5000册，之后的销量提升了3~5倍，并连续几年占据当当网语文课外阅读图书销售前3名，10年来，此书销售总量也预计突破了百万册。同样成功的案例，还表现在鲍鹏山所著《寂寞圣哲》、刘亮程所著《遥远的村庄》等书的市场效果上。记得刘亮程先生曾在电话里对我说：“我的几本书卖着卖着就‘断了’，唯有你做的这本《遥远的村庄》还在不断加印。”作者的褒奖，是对编辑最大的鼓励。可见，文本转换的直接后果就是有效增强了作品的传播力，让作品发挥了更大的社会价值。

4. 当然，这种“转换”也不会轻而易举获得成功，需要编辑做足功夫。

5. 梁衡是新闻理论家、实践家，也是当之无愧的散文大家。他创作的很多篇文字优美、内涵与思想曾擦亮无数读者心灵并闪出耀眼火花的山水、人物散文，在上个世纪八九十年代及本世纪初，曾引起一阵阵巨大的社会反响。很多篇文字还被收入各级各类学校的语文课本，成为一时的“经典文本”而被传习。为梁衡先生策划编辑的第一本书为《把栏杆拍遍》。记得当时我在报纸上读到他新近创作的写辛弃疾的散文《把栏杆拍遍》时，不能自已，只觉文字激情澎湃，气势如虹，一如奔腾咆哮的黄河之水经过险峻的壶口。一个历经挫折、几起几落但怀抱理想、矢志不渝，干事担当、铁骨铮铮的伟大词人形象，翻腾于脑海。我当时写了一份约稿信递给时任《人民日报》副总编辑的梁衡先生，很快他回了信并告知联络电话。不久他的秘书寄来了一堆从其他报章及已出图书中裁剪下来、极其散乱的“书稿”（那时还不时兴电子稿），我经过整理、编排，理出了一个顺序、目录，还删减了两篇文章，我把这些想法、做法电话告诉了梁老师。梁老师谈了他的意见，他不同意我的删减，并在电话中申明他的理由。我还告诉他我想将书名定为《把栏杆拍遍》，他立即表示否定。他说，这是一本散文集，怎么能用我的一篇文章的标题做整本书的书名呢？交流中，我态度坚决，似乎有不容一点改变之意，而梁老师始终语调平和，不疾不徐，就像老友谈话。初生牛犊不怕虎。现在想来，倒感到自己的“莽撞”了。梁老师当时是部级“高官”，而我的表现似乎不曾有任何“敬畏”。当后来不断有人（学生、教师）专门拿着我编的《把栏杆拍遍》的“学生版”请求签名时，梁老师在北京的《人民日报》办公大楼里给我打了一个电话：小李啊，还是你对的！梁老师爽朗地一笑。从此以后，《把栏杆拍遍》（学生版）一发而不可收，成为全国众多师生竞相传读的佳作。《把栏杆拍遍》也成为图书出版界一个响当当的“品牌”，而我和梁老师也成为忘年之交。

云出版时代，好编辑如何修成正果

——《编辑之友》访谈录

《编辑之友》编者按：2013年3月初，盛大文学旗下起点中文网的吴文辉创始团队集体请辞。不论是从出版还是商业的角度看，事情的本质似乎是起点最资深的总编辑带着几十个网络好编辑出走，于是引起国内网络文学出版平台的混乱震荡，一家独大的盛大文学也迎来了百度、腾讯两大对手。3月20日，人民文学出版社举办了首届“白鹿当代文学编辑奖”颁奖典礼。该奖由《白鹿原》的作者陈忠实先生提议并自掏腰包设立。这个行为是前所未有的，也表明向编辑表达敬意这件事不能再等下去了。同月23日，“2013北洋传媒中国好编辑推选颁奖典礼暨中国好编辑论坛”在京举行。媒体评价这既是一次中国好编辑聚首的盛会，也是在行业和全社会中高扬编辑价值的一次编辑峰会。

一连串的事件，炒热了新闻报道，也让业界的话题聚焦在编辑这个群体。出版界在讨论什么是好编辑，人们在思考好编辑究竟以什么为标准。在出版商业化、资本化、数字化的现实背景下，再一次认知编辑的价值，发现好编辑的社会力量，这可谓是出版界的幸事，编辑界的福音。

同时，有一个很明确的事实是：因计算机的崛起、因APP无处不在、因人人都能成为作者、因互联网掀起了“学习大革命”的帷幕、因移动终端改变了“书”的定义等等肇因，世界已处在大改造的途中，出版也顺着发展脉络，跨进云时代。“海量资料”“大数据”成为编辑必须面对的史无前例的现实，编辑的角色受到冲击、编辑的方式发生改变、编辑的能力需要重塑……因此，云出版时代，如何做好一名编辑、做一名好编辑的课题需要再一次延展。

《编辑之友》：网络编辑集体出走、作家出钱奖励编辑、2013年中国好编辑推选，您对今年年初编辑界发生的三大事件怎么看？并请进一步描述您认为的编辑地位和作用。

李又顺：网络编辑集体出走，可能是因为反映在具体利益上的编辑的价值没有得到充分的体现与尊重。一个工作环境如果是开明的、和谐的、宽松的，编辑敢说话不畏畏缩缩、敢做事不战战兢兢，而且还能得到相应的报酬和尊重，这样的条件编辑是求之不得的。如果这个条件没有或不充分，编辑的出走是迟早的事。网络编辑是伴随着网络时代的到来而产生的新事物、新职业。它在逐步改变着编辑这个行业的生态，引领着这个行业的未来。一个有野心、有战略眼光的出版管理者（而不仅仅是为了几个银子）理应善待这个群体，竭力创造各种有利条件稳住这支队伍并扩大地盘，先发制人，占领这块迅猛发展的云出版领地。

茅盾文学奖得主、《白鹿原》的作者陈忠实，自己掏钱在人民文学出版社设立奖项，奖励那些在文学创作领域辛勤扶植作家的幕后编辑。重视编辑在旧文坛时有所闻，而在当代却是新鲜事。我记得北大教授钱理群曾经将自己出版的每一本新书，都恭恭敬敬地题上几句感谢词，首先把它送给编辑。青年学者摩罗曾效法钱理群先生也这么郑重其事地做。作为编辑对这一切当然很感激。我认为一本书看似很简单，其实里面包含了编辑的辛勤劳动。有的书单单最后能够问世，就耗费了编辑的大量心血与努力。对编辑的酬谢，不一定要像强迫募捐那样要求所有的作者都要给予回报，但重视编辑的劳动并致以敬意，乃是情理之中的事情。不可否认，作者队伍中确实存在一些人不尊重编辑的现象，有的不但不对编辑报以感恩之情，甚至对编辑求全责备、恶语相向，这让编辑很受伤。作家出资奖掖编辑这件事，有好的示范导向作用，至少能提示或警醒那些不够尊重编辑劳动的人。

百道网举办的2013年“中国好编辑”推选活动，由于是开天辟地第一回，引来了业界的广泛关注。尽管我有幸入选，但我还是要冒着说恭维话的风险说一句：此举功德无量。正像他们在举办此项活动时所开宗明义的那样：凝聚书业正能量。以往书业几乎所有的光环都罩在“总编”“社长”“总裁”等一干“官”身上，而默默耕耘的书业垦荒者——编辑，却成了在阴暗的角落悄悄生锈甚至腐烂的一颗颗螺丝钉。中国书业要振兴、发展，光靠那少数的“官”是不行的。好的出版生态，必须要有一本一本好书做支撑，而好书也是由占比绝大多数的编辑们策划、编出来的。显然，激活那些本可以闪光生辉的一颗颗螺丝钉才是正道、直道，让他们也秀一回，体验一下职业的尊严乃至做人的价值，并由此形成一股风气，这才是应有的正能量。

《编辑之友》：在您心目中什么样的编辑是好编辑？评价好编辑究竟是以什么为标准？应该从什么角度去评价？好编辑就必将会实现社会美誉度和经济效益的双赢吗？

李又顺：在不同的人看来好编辑的标准似乎不一，有如瞎人摸象。我们更多的是在说出我们摸到大象不同部位的触觉延伸到大脑的感觉。而有些标准由于是某一权威人士说出的，而带有“权威”的属性。仅此而已。标准多了，其实就没有标准。但总有一些特质可以把握。我就从这一角度来谈谈。

好编辑一定是具有“编辑灵魂”的编辑。“编辑灵魂”应具备哪些特质？我以为首先第一点就是嗅觉，编辑特有的嗅觉。我曾说过，好编辑就是一条狗，一条嗅觉敏锐的狗。好的嗅觉从哪里来？从训练中来。一条经过训练的狗，被地震震塌的房屋废墟下只要尚有生命的气息，尽管很微弱，它也能感觉到。毒品贩子哪怕将毒品隐藏得再深，也逃不过一只训练有素的狗的嗅觉。好编辑就要有这个能耐，就像大象在旱季的茫茫大草原上，它仅仅需要用笨拙的大腿敲几下地面，就知道水源在哪里。编辑终身与文字为伍，古人说："言而无文，行之不远。"但好的文字不是作者用手写出来的，而是天才的作者丰富心灵的自然流露；好的装帧设计与插图也往往是天作之合，非一些工匠所能为之。好的编辑一定就是遇到了好的文字、好的作品而不轻易让其从身边溜走的那个人。

编辑灵魂的第二点就是忠诚、牺牲、坚韧。对职业不忠的人不是好职员，对上司不忠的人不是好下属，对书本不虔诚的人不是好读者，对文字不忠诚的人不是好作者，对编辑这一行业不忠实的人，不是好编辑。因此，我们一旦选择了这个行业，首先要付出的就是对这个行业的忠诚。但凡在此行业里取得成就的人，一定是忠诚于这个行业的人。从某种程度上讲，忠诚度越高，成就就越大。忠诚不是空谈，需要付出努力乃至牺牲。牺牲什么？牺牲时间，牺牲精力，甚至要牺牲常人的一些天伦之乐。好的编辑往往把大把的时间花在与作者的交往上，因为他知道，只有彻底地了解一个作者，只有彻底地把握每一个作者、每一部作品的精神特质，才能在整个编辑的过程中占有主动，才会有的放矢把作品做成什么样，应该怎样宣传、营销，应该把作品输送到哪个渠道。编辑往往是一个人在战斗。从策划、组稿、审稿、装帧设计乃至营销方案和市场推广，往往孤军奋战的色彩比较浓厚。做成功了欢欣鼓舞，做失败了甘苦自知。有时打掉牙齿只能往自己的肚里咽。作者得意时的求全责备、盛气凌人、颐指气使，文字失误时挨骂的战战兢兢，年度考核利润指标时的惶惶恐恐，面对同一个作者的作品同行做得比你好很多时的自责自问，等等，如果没有一颗强大的心忍辱负重，足以使你逃脱阵地。

因此，我认为，考察一个编辑是不是好编辑，就看他是否有"编辑灵魂"，是否有这些精神特质。如果没有，他就不是好编辑。当然，这些精神特质一定会反映在"劳动成果"上。作家讲代表作，编辑也可理直气壮地说出他的"代表作"。审核或考察代表作，就能发现背后的编辑是不是具有"编辑灵魂"的好编辑。如果说某一位编辑仅一部作品一炮走红，别人会说那只是运气使然。如果接二连三地获取成功，你总不能还说他是靠运气成功的。为什么运气总是跟他有缘？有些编辑做了一辈子也没有遇到一次好运，那只能说明"编辑灵魂"的欠缺，因为机会对每个人是公平的。因此，百道网评选好编辑亮出"好编辑以书为证"，我以为最为公平公正，是骡子是马，拉出来遛遛便一目了然。

能实现经济效益和社会效益的统一，当然是最好不过的，应该作为衡量好编辑的重要依据或唯一依据。你整天在编一些教辅读物，或在低水平重复某一本文化含量低但却有"市场"的书，虽然它能产生大量利润，物质奖励可以，但仅以这一条来说你是一位好编辑（当然，同样编这些读物，也有编得好的），恐怕有不同看法。同样，你编的书屡屡获奖（现在出版社通常就以这个来判断社会效益），也有人非议。因为获不获奖往往不能判断一本书的真实价值。如今评奖（尤其是体制内小圈子游戏的某些评奖）缺乏公信力、透明度不说，那毕竟只反映少数人或个别人的倾向，乃是不争的事实。有的评奖则偏离了应有的价值标准，其他非本质的考量因素渗透其中。因此，究竟什么是好编辑，考核的标准究竟是什么，业界有必要再次达成共识。

《编辑之友》：编辑所处的出版环境已经改变，而不论接受能力的快慢，每一位编辑都不得不重新审视这个云出版的时代特征。请简单谈谈您所理解的“云出版”及其特征，并谈谈随着出版环境的变化，编辑如何应对。

李又顺：要搞清“云出版”的概念，首先要对什么是“云计算”有一个初步的认识。“云计算”是一种IT基础设施的交付和使用模式，指通过网络像消费水、电、煤等设施一样，以按需使用和付费方式获得所需的服务或资源。提供资源的网络被称为“云”。最简单的云计算技术在网络服务中已经随处可见，例如搜索引擎、数字图书馆等，使用者只要输入简单指令即能得到大量信息。“云计算”是从技术角度提出的一个概念。“云计算”技术应用于各个不同的行业，必将产生不同的应用和服务。在出版行业，运用“云计算”技术，可以在建设中实现全方位的“云出版”。

那么“云出版”的含义是什么呢？新闻出版总署互联网出版监测中心副主任刘成勇认为，完整的“云出版”包含几层含义：出版内容云，出版技术云，出版渠道云，出版服务云。“云出版”的精髓在于共享，理想的“云出版”应是内容提供商、技术商、渠道商等产业链上的各个环节各司其职，互相服务，从而提供更优质的出版服务云。通过“云出版”，出版社可以对社内资源加密，可以选择发行渠道进行授权、安全分发，渠道运营商可以打通各种渠道的终端应用，对出版单位授权的资源进行运营。一切的流程通过云出版服务平台进行，渠道的销售数据随时反映在平台上，出版单位可以随时掌握，甚至连读者的查询、点击、购买等行为，出版单位也可以通过云出版平台了解掌握。由此可见，“云出版”从本质上凌驾于数字出版的地方在于，“云出版”是传统出版发行方式的革命而非数字形式上的变革。云服务平台，就要实现整个出版传媒产业的“三无”目标，即：无库存、无退货、无欠款。

在搞清“云出版”的基本含义之后，就会发现云出版相较传统出版而言，是一种崭新的商业模式，也是一场持久而深入的出版革命。它将从根本上影响出版的格局与生态，也影响着人们的阅读方式与生活方式。云出版相较传统出版而言，具有随时访问性（随时访问阅读内容）、便携性（随地访问）、自由性（自由化选择阅读内容、碎片化阅读）、个性化选择（定制阅读内容、可按照自己喜欢的方式变换阅读文本形式）及社交性（可即时在社交平台与他人分享阅读感受、推荐阅读内容）。归结为一句话就是：云出版提供了一种更为自由、更具人性化的阅读体验。基于这样的一种现实，编辑的工作方式及理念也应随之变化。在这种变化面前，我们既不要因循守旧、墨守成规，以过去从事多年的传统出版经验、驾轻就熟，去抵制和否定正在到来的云出版时代；也无需盲目激进、一味追赶时髦和潮流，以渐成气候的云出版完全抛弃和否定业已存在近千年的传统纸质出版。为此，我以为以下几点应是编辑要做的：一，冷静观察和研究云出版的来龙去脉，关注发展动态，熟悉产业链上的各个环节的原理、特性以及运行规律，做到胸中有数。二，关注云出版产业链的分工有序建设。任何人都不是神，不可能包办一切。作为一种现代分工，云出版一定会朝着更加有序、更加理性的方向发展。虽然在目前的初级阶段还没有看到这种较为理想的局面（现实是：内容提供商在干技术提供商的活，技术提供商在干内容提供商的活，渠道商在抢内容上的作者，等等，各搞一块，都想做老大，大而全，一统天下），但我想，未来成熟的云出版生态，应该是各有分工，各自发挥自身的特长和优势，互相配合，共享资源，做到你中有我、我中有你，从而共同建立起一个有序繁荣的云出版产业。到那时，我们才能真正享有名副其实的内容云、技术云、渠道云和周到密布的服务云。三，立足编辑本职工作，不懈怠不气馁，在积聚内容尤其是优质内容上多下功夫，努力做到厚积薄发，为当下以及将来做好积极的准备。试想，作为一个握有大量内容资源（尤其是优质内容资源），并能不断发现与拥有优质内容资源从而逐步建立并壮大自己“内容云”的编辑，你还愁什么呢？！

《编辑之友》： 中国编辑学会副会长胡守文说：“好编辑要培养云思维习惯。”台湾地区资深出版人周浩正先生讲要“冷观‘海量资料’的消化与运用，创建编辑‘云魅力’”。您怎么理解其中的“云思维”和“云魅力”？

李又顺： 云出版是一场基于云计算技术的盛宴。不可否认，随着网络技术的迅猛发展，云出版的脚步由远而近，先知先觉者们早已布下千军万马，等待这场似乎必然要到来的战斗。曾几何时，技术终端推出各种花样翻新的电子阅读器，中国电信、中国移动通信纷纷开启了超级虚拟阅读市场，盛大文学收购各大文学门户网站，新浪、搜狐、腾讯、网易也都建立起收费阅读商业模式，像娱乐公司签约歌星一样签约网络作家，方正阿帕比紧锣密鼓搜集内容资源，疯狂建立自己的大数据库，就连一些高校出版社也在利用自身优势，摄录了大量精品课程的图片、视频资料，打造自己的数据库。数字出版这些年来已成为国家发展战略，国家每年都要投入巨资加以扶持。在“云出版”如火如荼的年代，业内人士如胡守文先生提出“好编辑要培养云思维”，台湾地区资深出版人周浩正先生提出编辑要在海量数字面前创建“云魅力”，正是顺势而为的“时代之音”。

我想“云思维”应该有以下几个特征：第一，自由自在。我以为“云出版”更多的是基于对未来出版的一种美妙想象，而且这种想象更多地体现在对读者阅读状态和阅读体验的想象上。我什么时候阅读，我在哪里阅读，我选择什么样的阅读方式，我读什么不读什么，我在社交平台对哪个作者好评、对哪个作者表达不满，都是我（读者）的自由。那么，作为编辑你就不能不考虑、不研究读者的这一“自由”。我们可以对读者在网上访问阅读内容时留下的“蛛丝马迹”进行归纳、分析、跟踪，从中窥见读者的喜好，从而策划出更好的适合读者需要的“内容”。第二，虚拟性。云在天上，时间无始无终，空间无边无际，这也让人联想到我们的另一个互联网世界。如果说天空的云是一个实在的世界，那么互联网的云则是一个虚拟的想象世界。天空中有美丽的云，也有雾霭。作为编辑，作为一个好编辑，我们应努力坚守职业精神，为这片广阔的空间多提供美丽的“云”，多提供更加持久地漂浮在互联网上空，不断激励和滋润着千万读者心灵的“云”，给他们一个仰望这一片虚拟天空的理由。第三，创造性。云思维也即想象性思维、创造性思维。我们既要脚踏实地、埋头苦干，也要仰望天空，满怀生命的激情。我想在把互联网称作“云”，在把互联网时代的出版叫作“云出版”的时候，一种无限的可能就被寓意其中。一方面，云出版环境下，通过云的输入，我们会占有海量的数据，从而为我们的创造大开方便之门；另一方面，通过我们的创造，又在壮大着别人的云端。比如，单是一个数字文本，就有可能被改造成各种格式，通过各种渠道，进入各种不同读者人群。对一个喜欢大海的读者来说，你就可以在文本设计中加入大海的元素，让海鸥自由飞翔的身影和坦然自在的鸣叫充斥一个单纯的文本，而让它变为一个有文字、有电影画面并有配音的复合文本。

“云魅力”之于编辑，我想就是充分体现编辑的自主性和创造性，而且，这种自主性和创造性应该充分展现编辑的个人魅力。越是海量数据，我们就越要有自主性。可以这么说：只有编辑的自主性、个性化裁量，那些我们面对的海量数据才变得有价值，有意义。一个健全的社会，应是公民充分发挥其个性并受到尊重的社会；一个好的“云出版”环境，也应该允许编辑自由流动，以找到能让他充分发挥其个人潜力与魅力的公司与平台。而这一切也正是市场化竞争所必需的。市场价值崇尚“唯一性”、不可替代性，拒绝雷同与平庸。不同的编辑，由于经历、成长环境、教育环境、智识水准、兴趣爱好各有不同，所表现出的价值追求也自然不同。在不同的事物之间你不能说谁好谁坏，它们都有最好的、次好的、一般的等等。著名出版人、三联书店前总经理董秀玉女士在主政三联时，曾推行“分层一流”的编辑方针，可谓明智之举。她主张可以出版不同层次的读物，可以有不同的编辑，但都以一流的标准要求。因此，提倡“云魅力”，更便于编辑人才的培养，也更有利于他们成长、成才。

编辑的“云魅力”表现在其所选择的作品或正在编辑的作品，

一定会附着编辑的个人魅力。你是一个风趣幽默的人，或者叫具有幽默基因，你完全可以在你编辑的作品中适时添加一些幽默的因子，让读者在阅读的间隙享受一下轻松的快乐；你是一个资深球迷，你完全可以在你编辑的作品文本中穿插一段经典的球赛视频，以帮助读者理解文本的内涵，或加深对作品的某一种观点的理解。总之，云出版条件下，编辑的功能得到有效强化，也为编辑充分发挥自身的魅力，打开了一个广阔的空间。

《编辑之友》：有观点说，不论“海量资料”“大数据”对我们的冲击力道有多广泛而强烈，“云端”都将再一次给大家重回起跑线的机会。能否谈谈您对此观点的认识？从编辑角度来看，这个“起跑线”的意义是什么？（可以理解成为编辑与出版资源、市场、作者的关系都将重新洗牌吗？）

李又顺：“起跑线”一说我不赞同。面对大数据网络时代的到来，云出版时代也随即开启。有的就早已经先跑了一步，如网络游戏，它已经形成了一个比较成熟的商业模式。还有网络文学、数字图书馆的建立等等。当然，有先就有后。先不代表强大，只是占据一定的先机；后也不代表落后，也极有可能后来居上，后发制人。现在是传统纸质出版和网络多媒体出版、电子出版并存的时代，也可以说是传统纸质出版向无纸化的“云出版”过渡的时代。这个过渡期到底有多长，谁也不敢妄下结论。但有一点是可以肯定的：正在进展之中的云出版已经在悄悄地改变着已有的传统出版的格局。

就作者资源来看，有相当一部分作者已经进入云出版的视野，这必将使原来传统出版条件下的作者队伍出现分化，而且传统的作者资源受到蚕食与瓜分。此外，读者市场也受到冲击，有相当一部分读者市场的蛋糕已经被云出版侵占，纸质阅读所占比重也在逐步下滑。这是一方面。另一方面，在传统出版与云出版此消彼长的格局下，理想中的云出版一旦占据主导地位，内容云、技术云、渠道云及服务云等产业链各环节虽各有分工，有协同作战的一面，但也会就资源的角逐展开激烈的竞争。此外，在产业链的各环节内部，也会展开“大鱼吃小鱼”的游戏。大的强的内容云会吞并小的弱的内容云，从而构建更加超大规模、更加优质的内容云。技术云、渠道云、服务云也一样。就与编辑密切相关的内容云而言，编辑要想拥有更好的作者及更好的作品资源，就必须立足于一个更好的平台，栖身于一个更好的云出版公司。

《编辑之友》：编辑的角色和一些功能等随着出版时代的改变在改变，但肯定有一些东西是本质的、从来不会也不应该改变的，您认为这个本质是什么？换句话说，作为编辑，不管在传统出版、数字出版，或是未来的任何出版时代，您都在坚守的是什么？

李又顺：随着云出版时代的到来，编辑的角色和功能确实在发生悄悄的变化。但有一点我认为不会变，而且永远也不会变，那就是出版的本质。出版的本质是什么呢？也就是说为什么人类社会需要出版呢？人类社会之所以需要出版，就因为人类所创造的文明成果，尤其是精神文明成果需要保存下来留给后人，从而起到延续人类优秀精神文明的作用。可以说，一部人类出版史，就是一部人类精神文明的演进与发展的历史。无论是传统纸质出版，还是云出版，只是载体和传播方式发生了变化。出版一是为了传承文明，二是为了传播文明。如果说传统纸质出版的传播方式是单线的、单一的（只是以一本书固有的形态出版、发行、流通）、“平面的”、静态的（除非再版改变它原来的形态），那么，云出版则是多向的（一个文本多种形态，即多媒体）、丰富的、立体的、动态的（可适时根据读者反馈改变文本的形态与体量）。虽然存在这些差异，但出版的本质不会被改变。无论哪种出版，都需要更加优质的内容资源。因为，只有那些更加优质的内容资源才能传之久远。无优质内容资源做基础的纸质出版就是浪费纸质资源，同样，无优质内容资源作为后盾的云出版，就是浪费云资源。因此，作为编辑，一定要塑造自己的卓越的“编辑灵魂”，以便在那种灵魂的感召下，去竭力寻找和发现一流的优质出版资源并善于维护它们、经营它们。

作为一个“资深编辑”，我一直努力着在坚守自己的职业理念，尽管有时因为各种原因迷茫过，困惑过。我认为，发现和寻找“好的”内容资源，是编辑的职业灵魂所在。因为只有这样，才能事半功倍，获得成功。另一方面，在不断的寻找和品味中，也可以逐渐养成自己的职业嗅觉。一旦习惯养成，就会闻着文字的“气味”便可以把它们分出三六九等来。这也是我做编辑的趣味，也是我一直没有放弃的努力。我认为，对于一个编辑来说，丧失了这种对作品的判别能力，就意味着编辑这种内生的研发能力的终止，编辑的生命力也行将终结。

《编辑之友》：或许，我们对编辑该改变什么，该坚守什么有着一定的共识，我们也切实去努力做了，但真正要成为一名好编辑，在出版业界修成正果，我们是否还需要一些条件？您认为应该是一些什么样的条件？

李又顺：要成为一名好编辑，在出版界修成正果，我认为还必须要有一种不人云亦云的独立精神，不唯书，不唯上，只唯实。记得我在刚做编辑的时候，出版界也是一片唉声叹气，尤其是在体制内。不少人（包括出版社领导）认为如今商潮汹涌，人们不读书了。就这一句话，便把自己肩负的责任与使命推得一干二净。也是对他们不作为、不思进取的最好注脚。当时很多只是出于个人偏好、靠拍脑袋定下的选题上马，造成大量库存积压。在这种窘境下，他们不从自身找原因，不从体制找根源（以努力克服体制上的弊端），不从社会发展找出路，却一味地把责任推到看不见、摸不着的读者身上。记得那时，我也是刚做编辑不久，就遇上了那场曾搅动大半个中国的新概念作文大赛。记得是新概念作文大赛刚拉开序幕不久，好像是第二届第三届的时候，我便迅速介入其间，沉下心去认真观察，并找来参赛选手的作品阅读。阅读之后，一股清新之气缠绕着我并挥之不去，我便打算出版他们的作品。可是随即我便招来当头棒喝，连第一关选题上报就没通过。社领导给出的理由是：十几岁的小孩子，哪有资格（资历）出书。理由很可笑，也很荒唐。不久，在出版社领导班子调整之际，我浑水摸鱼，又赶紧报了第二次选题，结果侥幸过关。于是郭敬明的第一本书、第二本书相继在我的手下诞生，不久就连续登上全国畅销书排行榜。因此，我觉得编辑在职业生涯中，要养成尊重自己、相信自己的习惯。

是否具有独立之精神与自由之意志（说起来容易，真正做起来不容易，尤其是在目前的现实面前。争取吧！），也影响着当下出版环境中的编辑的态度与抉择。眼下是传统出版与网络出版并存的时代，不少从事多年传统出版的编辑同人，有一种职业的危机感和焦虑感，而且这种负面情绪还在不断放大，像鼠疫一样在业界蔓延。事实上，早在十几年前网络兴起迅速发展的时候，就有人断言到2005年纸质出版将会消失，人们只会在网上阅读，不再看书刊报纸杂志。然而事实并没有发生。有报道说，美国亚马逊在持续的电子书销售猛增后，也显趋缓之势。到目前为止，美国的电子书份额也只占书籍销售总量的25%。也有迹象表明，美国的独立书店在经历大萧条之后有复苏的迹象。欧洲电子书销售占比也仅2%，这似乎对传统出版并未构成多大威胁。中国的阅读率本来就低，只是相当一部分人在用手机、平板电脑等其他方式进行阅读，究其实体书而言（排除文学休闲阅读），市场份额受到多大影响，目前还没有确切的数字。当然，肯定会有一部分读者选择了电子书等其他阅读方式，原本的传统纸质阅读市场也因此受到部分影响。但有数字表明，真正好的纸质版图书，还在受到读者的追捧，好的文本加上好的设计与装帧，同样受到很多读者的青睐。还有一个现象值得关注，那就是纸质少儿读物连续多年呈爆发式增长。而与此形成鲜明对照的另一面则是，在国内，大量的虚拟出版投入并未带来实际收益，电子书销售也远未达到人们想象的程度。甚至有报道称，电子书与网络出版只是看着好看的一道美丽而虚幻的风景。因此，要想云出版真正取代传统出版，必须要形成一种成熟的商业模式，必须要有相关成熟的版权保护体系，必须要突破很多瓶颈。当然，最终还要看读者对云出版的依附程度。而所有这一切都不可能一蹴而就。因此，作为编辑，一味悲观无作为不可取，一味追赶时髦心浮气躁更不可取。在当下这种环境中，传统出版编辑还得有自己的独立的坚持和立场，一方面关注云出版的动态并做好应对的准备，另一方面更要戒除浮躁心理，踏踏实实沉下心来，做自己该做的事，努力发现一个好选题、一个好作者，然后投入精力把它做成精品，做成艺术品，做成具有收藏价值的珍品，以满足当下爱书人多方位的高品位需求。

《编辑之友》：关于编辑有这样一个戏言："编辑是出版的灵魂，但出版什么，编辑没有最终决定权，因为市场营销部和业务部会追着问：'这能卖得动吗？'"而关于出版，刘景琳先生同样有个疑问："出版在所有传媒产业里是最具'滞后'性质的，把

‘后’做好才是出版的本分，现在搞反了，大家都在争先恐后与时俱进。”在此，请您仅从编辑角度谈谈，如何理解这句戏言和刘先生的“争先恐后”？面对这样的环境，一名好编辑会怎样回答营销部的追问？该不该“争先恐后”？

李又顺：市场部、营销部站在市场的角度提出意见这本身没有错。既然出版已经改制，转变过去的为计划而生产（其实有时就是为领导而生产）而为为市场而生产，这是一个进步。环顾世界，除了极少数大学出版社不追求商业利润以外，其他更多数的出版社都是通过市场化运作，在市场的环境下追求利润的最大化。比如，久负盛名的牛津大学出版社，每年还要为牛津大学提供至少上千万英镑的资助，以帮助其运转。

我赞同刘景琳先生所说的“出版在所有传媒产业里是最具‘滞后’性质的”论断。他在这里所说的出版，不是报纸、杂志出版，也不是互联网出版，而是专指图书出版。随着出版环境的改变，有相当多的图书功能已经为其他媒体（尤其是网络、平板电脑、手机等）所取代，比如知识信息汇集的功能、工具书查找的功能、娱乐化轻松阅读的功能等，日益淡出人们的视野。甚至现在某些杂志的深度专题，在过去就是一本很好的书的素材。我曾听一位新闻周刊杂志的撰稿人说，现在做杂志，就像写书一样，每写一个专题，他要阅读六七本甚至更多的图书。如果没有相当的思想含量和宽阔的问题视野，读者不会买账。你想杂志都做到这个份上了，图书何为呢？事实也证明，如今图书市场上，要想一本书从书的海洋里浮出来，可不是一件容易的事。没有扎实的学术研究功底，没有超强的文字驾驭能力，没有旁征博引信手拈来的知识典故，没有市场的敏锐嗅觉，没有独到的思想智慧和创见，没有真诚、细致为读者服务的意识，想要赢得读者的认可，真的很难。因此，一本好书，一定得有干货才行，那种一年要出版好几本书，指望要赚好多钱，期盼要暴得大名一夜成为明星的作者，不是好作者。你写一篇哗众取宠的短评时论还可以，你写一篇一百多字引人瞩目的微博还可以，你写一个娱人大脑却不能滋养精神的故事、段子还可以，但不沉下心来把浮躁抛在脑后，把“争先恐后”“与时俱进”关进笼子清除出去，不在原创上下功夫花力气，很难获取图书出版上的成功。编辑也应抛弃那些不真诚的写作，抛弃那些没有思想价值含量的写作，抛弃那些不能给人以思想的启迪和智慧的启发的文字，抛弃那些没有真正学术精神与探讨价值的文字。从这个意义上来说，刘景琳说得对，图书出版不应“争先恐后”，而具有“滞后”性。我曾经也想到过一个形象的比喻：就像一张大网撒出去，收网的时候不断有小鱼和较大的鱼从网眼里漏出去，最后剩下的、被网住的那条大鱼，就是图书出版。

从内容的质地角度要求，我们认为图书出版的“滞后”有其合理性，但我们不能因此就排斥图书出版的“与时俱进”与“争先恐后”。简单地说，如果你的封面设计、排版装帧不能体现当下审美趣味，或不能反映读者趣味的变化，因循守旧，那一定会在市场上被撞得鼻青脸肿。这是从形式的角度说的。从内容的角度、选题的角度来看，适度的与时俱进，也会带来意想不到的效果。比如《旧制度与大革命》的畅销就带有某种“与时俱进”的性质。它经中央领导人的推荐，对反思中国目前的社会状况有很好的借鉴价值。《不抱怨的世界》《正能量》的引进出版及畅销，也是“与时俱进”的结果。在中国社会转型时期，各种矛盾困扰国人，抱怨及其他负面的能量绑架国人的情绪。无论从个人的心理健康还是国家民族的建设发展来说，都需要“不抱怨”“正能量”，这样的作品犹如高明老中医开出的一服对症的处方，可谓有的放矢，针针见血。这样的例子很多，比如北大出版社推出的《批评官员的尺度》等一列引进版权作品，都是在为我们这个时代的困惑提供好的精神资源，它们生逢其时，有着积极的当下意义。

总之，刘景琳先生谈论的图书出版的“滞后”性，其强调的是图书的内容品位与质地，突出图书的“经典”价值，也很好地回答了一个问题，即：读者在互联网时代凭什么要花钱、费时去购买一本书。如果将其与我上面谈及的“与时俱进”结合起来，也就不用再为图书没有销路而犯愁了。你说呢？

《编辑之友》： 有说法是：“好编辑，不仅是出版企业的一名好员工，更是一件好产品。”您认同“产品”一词吗？我们可以用这个说法来描述现今编辑和出版企业的关系吗？在前文提到的三个新闻事件中，是否已经有怎样营销好编辑这个“产品”的意识？

李又顺：企业是讲求利益的，这个没错。一个精明的企业主，一定会善待一切可能会给他带来利益的事与人。好编辑是能给出版社带来良好声誉的编辑。就前面提到的三件新闻来说吧，著名作家陈忠实设奖项奖励人民文学出版社的编辑，这件事不仅仅是给相关编辑带来荣誉，也同时给他所在的出版社带来巨大声誉。你想，一个重量级的优秀作家，为编辑设奖，不仅是嘉许这个编辑团队的敬业精神、职业操守、可贵品质，同时也在为这家出版企业的品牌增光添彩。这种客观上给出版社带来的美誉度，往往是花上十万元乃至数十万元做广告也未必能达到的。而盛大文学编辑团队的集体出走，则从反面证明了企业的管理者不尊重编辑或尊重不够这一现实的存在。2013年百道网发起与组织的全国好编辑评选活动，则是正本清源，把关注的焦点拉回到出版行业的重心所在。正如聂震宁先生在“中国好编辑”论坛上的发言所说的那样：没有一支好的编辑队伍，就不可能有好的出版。因此，我觉得作为出版企业，尤其要重视培养好编辑，并善于营销“好编辑”，不仅要切实做到待遇留人，更应做到事业留人。

编辑与出版企业的关系应该是良性互动的关系。好的出版企业总会创造各种有利的条件，让好编辑脱颖而出。而好的编辑一旦养成，也会给出版企业带来近期或远期的效益，包括好的声誉。因此，编辑不应该仅仅被看作是出版社的一个“产品”。如今社会早已进入各种品牌竞争时代，但一个品牌的培育与发展乃至成熟，却是一件不容易的事。对于刚改企转制的出版企业来说，品牌的概念还未能深入人心。我们今天说出版的品牌，还仅仅停留在出版企业层面，比如说商务印书馆、中华书局等是有着上百年历史的品牌出版社。但我以为，品牌的概念还需进一步引申到出版的其他层面，并发扬光大，这也是衡量出版企业是否成熟的重要标志。一个电视台可以有自己培养的著名主持人，一家广播公司可以有大牌、金牌主持人，一所大学可以有名教授、大教授，一个出版社同样可以有好编辑、名编辑、大编辑。我认为，好的编辑就是出版企业的一个品牌标识，出版企业应该充分打造并善于营销这一品牌，从而为出版企业带来更多的利益。

是否重视好编辑、名编辑、大编辑的培养及其营销，反映了一家出版企业是否具有现代经营理念与思维，反映了一个出版管理者是否具有战略眼光。我们面对的现实是，有的出版企业口头上、名义上予以重视，但实际上却不付诸行动，他们总跳不开一以贯之、习以为常、根深蒂固的“官本位”的思维定式，天平的倾斜度总随“官”位而定。有的出版企业重视“好编辑”，但只是从现实收入与物质待遇上加以考量，而不大考虑为其编辑人才搭建更大、更好的舞台，以让他们淋漓尽致地施展拳脚。可以说，这种管理思维与模式，与建立现代出版服务业相去甚远。当然，出版界也有一些好的举措值得关注，比如有的出版社以资深编辑、名编辑的个人名义设立工作室，并在政策上、资金上予以扶持，以便于他们充分施展才华，发挥更大的潜能。

《编辑之友》：青年编辑是出版的希望和未来。“白鹿当代文学编辑奖”颁奖典礼活动特别强调了全体青年编辑的参与，“2013中国好编辑推选”活动也很明确地表示要为新进入出版业和有志从事书业的年轻人提供学习的参照。但对于青年编辑来说，要成为一名好编辑，心理常常很矛盾。一方面是，要达到与老编辑同等水平的阅历、经验等种种，不仅底气不足，更得熬年头；另一方面是，总有“其实我不愿意出这样的书，是出版社的任务”这类的抱怨。您对青年编辑这样矛盾的心理怎么看？各单位在编辑选拔和培训方面都非常注重青年编辑。这方面您有什么建议或实际经验？

李又顺：当年轻编辑刚进入出版社时，往往会被以培养编辑加工书稿能力的名义，要求审读一大堆书稿。长达几个月甚至半年、一年的时间看那些稿子（这些稿子往往是出版社积压多时的资助出版稿或人情稿），一则可能一开始就会引起他们对这一职业的反感，二则会败坏他们的胃口，会让他们错误地认为，编辑就是处理这些“烂稿子”。于是便有“其实我不愿意出这样的书，是出版社的任务”这类的抱怨发生。

应该说，年轻编辑进入这个行业总会带有一份梦想和期待。记得当初我在考虑就业方向时，毫不犹豫地推掉了一家政府部门的录用，而选择了进入出版社。因为在我的职业期待中，始终有一个关于“文化”的理想和梦想，而出版社与“文化”沾边，而且直接生产“文化”。我想出版社之所以能吸引年轻人，一个重要的原因，恐怕就在于文化的感召力与魅力。

因此，当年轻编辑进入出版社开始当“学徒”时，就应该充分让他们感受到、领略到文化的魅力所在。第一堂职业教育或培训课应该围绕这个中心展开。文化虽然是一个极其宽泛的概念，但必须摈弃那些大而无当的说教。可以先从身边的人与事说起。我想每个出版社都会有这样合适的人与故事可以挖掘的。一个优秀编辑做成一本好书的艰辛努力与幸福的收获，一个出版人与作家、学者的交往传奇，一个“文化”集体为了一个共同目标的实现所表现出的那种互相支持与密切配合的融洽氛围，等等，都可以作为素材的来源。

“发现”优秀文本是编辑最重要的一项本领。因为只有将那些优秀的文本从知识信息的汪洋大海中“发现”出来，然后通过自己的编辑功能输送到客户端，才能体现编辑的价值，确证编辑的存在。要善于发现，就要善于辨别、鉴别。因此，培养编辑的鉴别、鉴赏文本的超凡能力，便是对年轻编辑进行培训的重要课题。当然，这个话题说起来也比较空泛，但必须落到实处。你必须分门别类进行示范，告诉年轻编辑哪类文本是一流的，为什么说它是一流的，它有哪些特质与属性。你也要告诉他们哪类文本是二三流的，为什么说它们是二三流的。只有实实在在的个案分析，且有实例展示，才会在年轻编辑的心目中形成一个清晰的印象，日后再加上他们自己的观察体会与工作实践，他们就会在遇到一流的好文本的情况下不至于错过，这自然就会缩短他们自己摸索的时间。一旦他们能在实践中获得一次成功的机会，就会鼓励他们继续走下去，而且会越走越好。

业界有编辑要成为“专家”或是“杂家”一说，而且各执一词。专家型的编辑要求年轻编辑将来要成为专家，杂家型的编辑要求编辑成为杂家。我看这个还是要尊重每个编辑的意愿，顺其自然的好。不要先下结论，把那些刚进门的年轻人吓跑。究竟成为什么，还得要他们自己在实践中自然加以选择。编辑是什么不重要，重要的是能不能推出好书，能不能持续地编出好作品。如果一个编辑做着做着便成为了一个学者、专家，而且有志于此，当然这并不是什么坏事，但我还是认为他选择专门去做专家、学者也许会更好。

云时代的出版，年轻编辑不能脱离这个大环境。出版社要创造有利条件，定时培训这方面的知识与技能，否则我认为就是失职。当然，对年轻编辑的培训还有很多内容，比如加工书稿、与作者如何交往、如何利用现代媒介营销等等，我这里只是挂一漏万，闲扯几句。

《编辑之友》：现在，我们已经来到云出版时代，如何做好一名编辑、做一名好编辑的课题需要再一次延展。但关于编辑的话题永远是发展的，只要有读者，我们就需要编辑；只要人们有阅读的需求，编辑的工作就富有价值。然而，作为一名好编辑，想做一名好编辑，对于编辑的未来我们也必须走在前沿，必须时刻清楚挑战。从编辑职业的发展来看，您认为未来将面临什么样的挑战？会有什么样的新课题在等着我们？

李又顺：的确，无论是云出版时代还是其他什么时代，只要有读者，就需要编辑，只要有阅读，就会需要编辑发挥应有的作用。但我们不能不面对这样的现实与挑战：一、传统出版所面临的现实问题尚没有得到解决，需要我们在云出版时代继续作出努力。如机制体制的问题。僵化的体制与不良的运行机制仍然存在，这直接导致企业发展缺乏应有的动力。缺乏活力，人心思动，人浮于事，不讲效率，效益低下，用人、分配缺乏公平正义，裙带风、小团体意识恶化企业文化，决策缺乏民主性与科学性，持续的高库存与资源浪费现象比较严重等，再加上国民阅读书籍的质与量都偏低、图书发行渠道不畅、图书出版低水平重复、图书市场恶性竞争导致逆淘汰、肆意盗版等客观的外在环境，这一切都困扰着企业的发展，客观上影响着编辑作用的进一步发挥。二、传统出版与云出版如何兼容并备，顺应发展潮流，需要我们做出回答。我们目前所处的时代是传统出版与云出版并存的时代，或者叫由传统出版向云出版过渡的时代。虽然出版界（包括云出版）都在积极探索，但这两者究竟如何区分，如何对待，策略是什么，应对措施是什么，如何在两者之间游刃有余穿梭来往，如何正确处理两者之间的关系，什么时候该注重哪一块，什么时候又该放下哪一块，什么时候又该两者兼顾等等，这些问题一直在每一个编辑的脑海里纠缠。可以说，至今没有哪一个人给编辑一个清晰明确的说法。面对当下，我们该做什么，怎么做，这个问题原本不是问题，但现在俨然成了一个问题。对传统出版出路的担忧，对纸质出版可能面对消亡命运的焦虑，对云出版身感很近，触手可摸，但同时又茫然无措，身感很远。我想这可能是摆在出版人面前的一大困惑。

我们评价一个编辑是不是好编辑，应该怎样努力才能成为一名好编辑，往往自觉或不自觉地用传统出版的标准和要求去衡量，或者主要是站在传统出版的角度去评判。但随着云出版时代的到来，我们面临的出版环境发生了（或即将发生）很大的变化：过去找作者通常看图书、杂志、报纸，如今要看博客、网上电子杂志、网络专栏，甚至微博；过去只管书稿编辑、加工、设计、出版、印刷、发行，现在还要考虑怎样编辑书稿才能更适合其他新媒介，如手机、网络出版、视频，甚至iPad等；过去营销图书是搞作者签名、读者作者见面会等活动，现在还要搞博客、微博、视频等营销；过去新书主要在实体书店按明码标价卖，现在新书主要在网店卖而且还可以打折；过去一本书出版了，编辑可以收到读者来信反馈意见，现在则可以在网店上直接看到读者对书的评价，如此等等。再说，如果将来某一天，云出版时代占据了主流，真正形成了新的强大的商业模式，而传统出版失守主要阵地退居“二线”，甚至只是云出版的“陪衬”，那么，出版的生态也就发生了根本性的变化。新的环境必然催生新的标准，而这个新的标准是什么，将来一定会有答案。因此，我认为，“云出版时代，如何成为一名好编辑”，是我们现在就要面对的一个新的研究课题。

(本访谈刊于《编辑之友》2013年第7、第8期)

提炼与拓展

1. 本文提到了两位杰出作者对编辑的尊重与奖掖，一位是已故当代重量级作家，一位是北大著名教授、学者。前者自掏腰包给编辑发奖金，后者每出一部著作，都会恭恭敬敬签上大名先送一本给他的编辑，以示敬重。这在出版史上并不多见。我们通常总会说“编辑是给别人做嫁衣”，但只要工作做得出色，同样都会得到社会的尊重。美国那个叫珀金斯的“天才编辑”，因为发现和培养了海明威、菲兹杰拉德等伟大作家而被树碑立传载入史册，好莱坞还专门斥巨资拍了一部有关他的传记电影《天才捕手》。
2. 我在本文中提到“编辑灵魂”一说，认为“好编辑”一定是一位具有“编辑灵魂”的编辑。其实，所谓“编辑灵魂”，应具有“狗的嗅觉”“兔子一样的敏捷”“牛一样的勤奋”，外加“猪一样的心态”。这是已故复旦大学生命科学院教授、植物学家钟扬在回答学生“如何做好学问”提问时的形象概括。其实要持续地做好一件事，判断力、行动力、勤奋努力必不可少，一旦遇到挫折甚至失败，也不要气馁，调整心态再出发。做好编辑这件事，又何尝不是如此呢？！

3. 互联网技术突飞猛进的发展，造就了多样性的出版、读书生态，而且这种复杂多样生态的界面，还在不断扩大。纸质出版、电子出版、音频出版、视频出版等不一而足，公众号内容生产迭代加快引万头攒动，地面读书会雨后春笋般风起云涌。乱花渐欲迷人眼，这一切都对图书传统出版构成较大影响。表面上看，界面与视域的扩大，为出版人打开了一个丰富多彩的世界，一个更广泛的空间可让我们有更多作为，但客观上也让我们无所适从。我们能抓住的就是“内容”——用专业的眼光发现好的内容资源，并努力利用它、开发它，为处在各种端口的读者、受众服务，同时也为作者创造更多、更大的价值。或许这就是我们存在的理由。

4. 天才编辑珀金斯说：编辑是帮助作者释放能量的人。还有人说，一个真正好的编辑是打不败的，因为好编辑以书为证，“好书就是编辑的墓志铭”。

〇 转型期与出版人

当我们在谈论数字出版时，我们该谈些什么

互联网、大数据给出版业会带来什么

转型期出版人的五种力量

转型之道：从“图书编辑”到“平台编辑”

当我们在谈论数字出版时，我们该谈些什么

很早就想写一篇关于数字多媒体出版的文章，但因为很多关于出版的话题总在脑中纠缠不休而耽搁下来。如今，数字出版可谓如火如荼，大有一夜之间横扫传统出版王国的强劲势头。从数字出版多次成为法兰克福书展研讨的主题，到国内无数次的有关数字出版的高层峰会，从业内紧锣密鼓忙建设布阵、开疆拓土，到业外资本的涌进及搭建各色技术平台，从出版专家们的鼓与呼，到出版外的读者、学者、教授的评头论足、著书立说，从国家层面的战略部署与重点扶持，到各家出版单位数字出版规划的制定与申报，如此种种，潮流涌动。可以说，如今你要是不谈数字出版，作为出版人

你就落伍了，你就跟不上时代了，下一个下岗失业的人可能就是你了。云遮雾绕之下，传统出版社的编辑们，一时人心惶惶，手足无措，深感一下子失去了职业支点的切肤之痛。

在这样的背景之下，从业者的悲观情绪蔓延，对职业前景也深感惶惑。“不好做了”“没法做了”一时成为同行聚会时脱口而出的话语。在人们的潜意识里，仿佛数字出版是传统出版的即刻终结者，是恶魔。恶魔已然降临，传统出版已经走到了尽头。

人云亦云，某种话语的风潮一旦形成，就会像病毒一样侵入人们的大脑，吞噬着我们正常的脑细胞。这时，我们的眼睛被蒙蔽了，分析和判断的理性也会中毒，失去功能。这时，我们会像一根在空中飘荡的芦苇，始终有一种不着地、找不到家的感觉，职业的天空一片灰暗，那本该明亮的人生也因此失去光彩。而那些本该被我们关注并力图花大力气去解决的问题（甚至是极其重要的问题）也一时容易被我们忽略或视而不见。

那么，当我们在谈论数字出版时，究竟该谈论些什么呢？

我们在谈论数字出版时，应当清醒地认识到我们所处的出版环境和背景，与国际出版巨人们谈论数字出版所立足的环境与背景，是截然不同的。

我们现在已处于“全球化”的时代，出版也似乎同国际“接轨”了，版权贸易正日益变得频繁起来。尤其是自从国家实施“文化走出去”战略以来，有关国内图书版权输出的“佳绩”不断，也可谓“喜讯频传”。但我们不能据此就断定，我们已经或即将与国际出版的水准接近。贝塔斯曼集团自创立以来已经拥有176年历史，是《财富》杂志公认的全球500强企业，是在世界上居于领导地位的媒体集团。它们在世界上50多个国家和地区开展电视、图书、杂志和媒体俱乐部等业务。据前几年媒体报道，这个由德国一个小镇起家的大型综合出版集团，一年的收入相当于我们全国五六百家出版社的四五倍，甚至更高。兰登书屋是贝塔斯曼旗下的一家出版社，总部设在美国纽约市。书屋于1924年成立，它也是全世界最大的大众图书出版集团，是一家在文化和商业两方面都取得巨大成就的、充满创意和活力的公司。兰登书屋每年出版的新书有1.1万多种，包括精装书、平装书和电子书等，涉及17个国家/地区的不同语言，每年销售5亿多册图书。它也拥有世界上众多著名的作家，包括政治名人、诺贝尔奖得主和畅销书作家。企鹅集团是世界上最大的大众图书出版商之一，企鹅的商标形象被评为出版界最受喜爱的商标之一。企鹅出版集团为全世界100多个国家的读者出版发行小说、人文社科类图书、畅销书、经典图书、儿童图书以及参考书，规模位居世界前列。和这些国际出版巨头相比，虽然我们有商务印书馆、中华书局这样的老牌出版社，而且历史也已突破100年，但无论是现代企业制度下的管理水平，还是成熟的市场化运作能力与国际影响力及实力，均不能同它们相提并论。这些市场化程度高的国际化出版集团，在数字化浪潮中凭借其拥有的雄厚资源优势及成熟的管理模式，主要面对的是一个如何转型的问题，是一个如何适应数字化出版的问题，相对比较单纯。因此，它们在应对数字出版时，就会更加从容，步履也更加稳重坚定。正如企鹅英国出版公司CEO汤姆·韦尔登一如既往沉着地说：“我们的使命依然是发现最好的作者，并把他们带给尽可能多的读者群，寻找到合适的新场所和传统媒介来推广我们的作者。”英国兰登书屋出版集团董事长兼CEO容锦仪在面对数字化时代的浪潮来袭时，胸有成竹、满怀信心地说：“我们将看到由出版商直接吸引消费者带来的越来越大的增长驱动，出版商投资建立面向不同读者的网络社区，使用消费者洞察工具，通过对消费行为和读者兴趣点的观察分析来直接面向消费者营销。”

我们在面对数字化出版潮流的时候，就不单单只是一个怎么转型的问题了。我们面对的问题相比较而言似乎还很复杂。我们还没有形成一个较为成熟和发达的市场体系，出版单位才刚从计划体制走出不久，作为市场主体的“企业身份”也才刚刚确立，建立现代企业制度还是一个遥远的目标。国民阅读率虽有所提高，但总体来看，还没有养成良好的阅读习惯，人均购书及阅读量均排在发达国家之后，与欧美国家相比，国民阅读的数量和质量及由此塑造的国民素质，差距不小。以应试教育为特征的国民基础教育的功利化，也催生了国民阅读的功利化，加剧了出版市场和阅读现状的恶化。引导和培养国民阅读习惯的养成，倡导一种非功利化的阅读，让阅读回归阅读本身任重而道远。改革开放三十多年来，出版经过飞速发展，截至2011年，中国年出书数量已达到37万种，出版大国地位由此确立。但我们离出版强国究竟还有多远？近日，《人民日报》发表了一篇文章，题目叫《库存滞涨——中国出版业没有发展的增长》，这篇文章指出："出版繁荣的景象之下，却是日渐沉重的库存负荷。全国新华书店系统、出版社自办发行单位纯销售额从2005年的403.95亿元增长到了2011年的653.59亿元，而年末库存则从482.92亿元飞涨到804.05亿元。6年时间，两者的剪刀差从近79亿元增长至150亿元——库存跑赢了销售，更多图书只能在仓库中蒙尘。而实际的状况，似乎比统计数字更严重。"由此可以看出中国出版业存在的问题有多么严重了。滞涨和库存是结果，而其中隐含着的问题应值得我们反思。近来，国内出版机构纷纷组建集团，肆意扩张，突飞猛进，追求跨越式发展。一大二公，追求规模的扩张，而往往忽略了出版内生机制的养成。这种扩张机制对出版而言效果究竟如何，尚有待实践的检验。从近几年国内数字化出版的情况来看，也存在不少问题。据新闻出版总署最近关于数字出版的指导文件归纳，我国数字出版主要的问题有：出版单位各搞一块，集约化程度低，分散，数字出版的内容及主题缺乏吸引力，投入较大，产出较低，不成比例。这些问题的根子，也许在前数字化时代就早已埋下了。

我们在谈论数字出版时，要搞清数字出版的本质是什么。

2009年6月，在维也纳举行的第十七届国际数字出版会议上，澳大利亚的学者提交了由澳大利亚政府基金支持的一个课题项目——“出版在发展：数字出版的潜能”，其中对数字出版下了这样一个定义：数字出版是依靠互联网，并以之为传播渠道的出版形式。其生产的数字信息内容，建立在全球平台之上，通过建立数字化数据库来达到在未来重复使用的目的。这个定义有几个内涵：第一，它是通过互联网进行传播的；第二，它生产的数字信息建立在全球平台之上，通过互联网全球平台共用；第三，通过一个数字化的数据库来达到在互联网环境下对作品重复使用的目的。这个概念核心是“重复使用”。互联网环境下对作品进行重复使用和把一份纸质的东西变成多份（传统出版），通过多份变成多人阅读，其本质上也是一致的。出版和数字出版的概念在本质上的共同点，就是把一份内容变成多份内容，在网络环境下就是把一个人阅读通过互联网变成多人阅读，即重复阅读（引自阎晓宏《出版与数字出版之版权本质》一文）。由此看来，数字出版并没有改变出版的本质。自然出版的本质没有变化，编辑的功能和作用也没有发生变化。不可设想，同样在数字化出版的今天，如果少了编辑对海量的文本信息的整理、舍取、发现与加工，将会处于一种怎样的混乱局面。读者将花费怎样的时间与精力，在汪洋大海的信息里去寻找自己所需要的、有价值的信息呢?

特定历史时期编辑所承担的推动历史巨大进步的使命，今天同样适用。曾经有编辑因出版《汤姆叔叔的小屋》而引起了美国历史上声势浩大的黑奴解放运动，从此改变了美国历史的走向并加速了文明的历程；也有编辑因出版《寂静的春天》而引起了美国乃至全球性的绿色革命，从此，环境保护、爱护地球家园的观念深入人心。上世纪80年代，国门刚打开不久，一群先知先觉的编辑们闻风而动，大量引进西方文化经典，从而引发了一场惊天动地的社会文化思潮，激荡着千万学人。近期中央政治局常委王岐山同志推荐国人（尤其是领导干部）阅读托克维尔的《旧制度与大革命》一书，具有强烈的警示意义。一石激起千层浪，这本书一时被人们争相阅读，各大书城也不断传来脱销的消息。可见这本书的编辑具有先见之明，功不可没。同样，就是在将来数字出版完全取代传统出版的那一天，也完全需要编辑在数字出版中发挥其应有的主动性和能动性，从而把最有时代价值的文本信息竭力推荐给它的读者，就像高明的老中医在把脉之后，开出一剂活力十足、最有效果的处方。

我以为，无论传统出版还是数字出版，内容的优质化是其共同的本质要求。一本受读者追捧的纸质书，同样会在数字出版平台上大受欢迎。同样，最初发表在网络数字平台上的作品一旦火爆，也会在纸质的书上得到同样的反映。因此，传统出版和数字出版存在良性互动的一面，它们的完美组合，最大限度满足了读者的多元化需求。

当我们弄清了数字出版的本质之后，从事“传统出版”工作的编辑就会少一些迷茫、困惑，多一些对自己职业的自信，多一些对自己职业的神圣感、使命感，也就会多一些对自己职业的坚守。

我们在谈论数字出版时，也不要忘了我们的出版体制还迫切需要深化改革，更需要激发内部的活力与创造力。

若干年前，随着国家改革步伐的加快，出版界曾经出现过一段充满活力的改革活跃时期，那时候崇尚打破大锅饭、铁饭碗，出版社员工能进能出，干部能上能下，待遇能高能低，一切以能力与业绩为本位，打破身份制，一切努力向市场化转变。可不知从何时起，改革的步伐停滞不前，甚至又退回到改革前的旧有体制里。如今，稳定而牢靠的“铁饭碗”“体制内”似乎又成为若干“有志”青年们追逐的目标。放眼望去，每年浩浩荡荡、有增无减的公务员考试大军就是一个有力的明证。效率低下，人员臃肿，管理落后，决策的随意化、非民主化，体制僵化，官本位，外行领导内行，论资排辈，人浮于事，搞不同身份制，同工不同酬，分配不合理等等，这些国有企业都有的弊端在出版界也迅速抬头并牢不可破。这几年，出版社虽在改革中“前进”，转了企又改了制，但打上计划体制、行政管理烙印的一整套管理制度基本依旧。出版社真正需要的人才进不来，不适合从事出版行业的人又难以出去。而已有的人才又得不到应有的尊重，不能充分发挥其应有的作用。这样的环境还谈什么活力与创造力呢？这样的制度环境下，生产的有效性就会大打折扣，图书大量库存、滞销不可避免。

我们在谈论数字出版时，不要为一部分人的好奇、追逐“新潮”而乱了阵脚，要坚信传统出版仍有可作为的时间和空间。

在传统出版向数字出版的过渡时期，一部分读者、学者、专家、教授，因为看到了数字出版的优势，便以自己的实际行动，用最具现代化气息的装备，成为了数字阅读与写作的急先锋。看着他们有点耸人听闻的聒噪，让你感觉到仿佛就在一夜之间，所有的人不再购买和阅读传统纸质出版物了。然而，事实却并非如此。数字出版确实是一场革命，是一个大趋势，但任何新生事物在取代“旧事物”时，总不会一帆风顺、一路高歌向前的。“前途是光明的，道路是曲折的”，这就给传统纸质出版留下了空间，甚至还是不小的空间。我一直对同事说，传统出版不要气馁，还有活路。首先从事实上看，各书城的实际销售及当当网等各大网店的销售，并没有因为数字出版的迅猛发展而直接导致纸质书销售的迅速下滑。相反，倒有几个例子证明数字电子书的销售并非有些人想象的那样乐观。据报道，当当网这几年投资500万建立电子书销售平台，而近年的实际销售收入也没有达到他们的预期。美国亚马逊电子书的销售也传来经过几年的迅猛增长之后增速放缓的讯息。著名出版机构阿歇特的新任CEO近日也发表声明，说传统出版仍大有可为。从国内有关数据报道来看，儿童书的出版与销售还增长很快，节节攀升。而好的优质纸质出版物，依然是众多喜爱书的读者竞相购买的对象。

如今的数字化阅读还处于以休闲、娱乐为特征的“浅阅读”阶段，其向深度阅读的转变尚需要一个比较漫长的过程。一方面是阅读习惯的转变和养成需要时间，另一方面，技术的革新与完善也需要一个相对漫长的过程。这就注定了传统出版与数字化出版两者之间，有一个相互竞争的过程。相比较传统纸质出版，数字出版的优势显而易见。但反过来看，相比较数字出版，传统出版的优势也日益被激发出来，从而焕发出独特的魅力。有读者就喜欢那种纸质新书散发出的诱人墨香味，有读者就是喜欢在茶余饭后拿起一本喜爱的书随意随性阅读，并在纸上随意勾画。有读者为了装点他的书房，宁愿购买那些纸质的皇皇巨著打点精神的门面，以保持与那些“优秀头脑”之间的关联。这是数字出版一时无法达到的。更何况，我们的传统出版远没有达到尽善尽美的地步。比如，精美绝伦的设计，与人有一种天然亲近的优质纸张的选用，优雅的装订，精致的印刷等等，国内书业在这些方面存在的由来已久的差距，你翻看一下日本的书就会立马感觉到了。品质高贵的思想穿上高雅漂亮的外衣，你还怕没有读者青睐吗？

（本文于2013年3月6日发表于“百道网·李又顺专栏”）

提炼与拓展

1. 这是五六年前写的一篇文章，当时数字化浪潮正汹涌澎湃，很多传统出版人显示出异常焦虑的情绪。现在看来，这种焦虑应该有所缓解。因为，传统图书出版并未因“数字化”而受到致命冲击，相反，在一定意义上促进了传统纸质图书的出版。

2. 数字出版，大大拓宽了出版的界面。出版的形式多种多样，丰富多彩，但出版的本质没有变。出版形式的多样性，满足了不同受众的需求，也使内容的传播更加有效。

3. 实践证明，数字出版与传统纸质出版，不是谁取代谁的关系。二者虽然有竞争，但也会相互促进。有人做过调查研究，一本书的电子出版物销量，与纸质书的销量存在正相关关系。

互联网、大数据给出版业会带来什么

有三十五年编辑从业经验以至后来做了讲谈社总编辑的鹫尾贤也，在2003年写了一本书《编辑力——从创意、策划到人际关系》，在这本书里，他说道："这十年来，以电脑为主的编辑技术变化、印刷技术革新以及成本管理、书店流通的转型等外在因素，使编辑工作出现了很大的变化。更有甚者，最重要的'读者'也不同以往，可以说'阅读'本身也受到了考验。现在确实还有人秉持着'只要做出好书就必定有读者'的信念，但是现实并没有那么简单，整个环境正朝着'单靠志向与热情还不够'的趋势推移。"如今，距鹫尾贤也说这段话又过去了十年，他所说的这种"趋势"，如今已然成为了我们所面对的现实。作为今天的出版界一员，要做好自己的工作，除了要具有"志向"和"热情"以外，我们还要紧跟潮流，弄清我们所处的环境及其变化发展的趋势，而这个"环境”和“趋势”便是互联网、云计算和大数据时代的来临。

互联网、云计算和大数据，究竟对出版会带来些什么呢？

出版也可以“小而美”

美国《连线》杂志主编安德森发明了“长尾理论”，他把长尾理论概括为一句话：“我们的文化和经济重心正在加速转移，从需求曲线的少数大热门（主流产品和市场）转向需求曲线尾部的大量利基产品和市场。”也就是说，大热门正在与无数大大小小的细分市场展开竞争，而消费者越来越青睐选择空间最大的那一个市场。千篇一律或说一种产品卖遍天下的时代正在结束，它的地位正在被一种新事物——一个多样化的市场——取代。“而且，大规模市场正在转化成数之不尽的利基市场，这种趋势愈演愈烈。”

长尾理论认为，随着互联网技术的发展，相对于传统市场（货架、人工等成本），长尾市场用于产品营销的成本不断降低（消费者们更容易找到产品，产品也更容易“找到”消费者）。那些被传统市场过滤掉的或被忽视的“绝大多数产品”的价值有机会显露出来。这些利基产品就是“电影院里没有放映过的电影，就是摇滚电台没有播放过的音乐，就是沃尔玛没有卖过的体育设备，就是书店里没有跟读者见过面就被打包退回的书籍”。作者由此得出三个主要结论：第一，产品种类的长尾比我们想象的要长；第二，现在我们可以有效地开发这个长尾；第三，所有利基产品一旦集合起来，就可以创造一个可观的大市场。

基于市场供给丰饶及互联网技术发展的支撑背景，“长尾理论”应运而生，它给图书行业也带来许多启示。第一，出版可以抛开“大而全”，走“小而美”的发展思路，在细分市场中创造品牌，并形成竞争优势；第二，可以抛开一味走“畅销书”的路线，可以依托长销书甚至“冷门书”求发展；第三，依托互联网技术，将库存积压但有价值的图书，分门别类，并“集合起来”（只有种类众多的利基产品“聚合”在一起，才会产生效益），为书找读者，也为读者找书创造各种便捷条件。

出版之争将会逐渐演变成对“出版大数据”的争夺

得益于计算机的强大的存储、搜索和互联能力，人类近年所积累的数据呈爆发式增长，几乎就等于人类过去所拥有的数据的总和，而且，全球数据量每两年翻一番。大数据是海量、多元、异构、非结构化、连续性的，简直就像一个记载人类行为和物理世界特征的数字写真，大数据无限接近真实世界。

因此，企业用以分析的数据来源越广、越全面，其分析的结果就越立体，越接近于真实。大数据分析意味着企业能够从不同来源的数据中获取新的洞察力，并将其与企业业务体系的各个细节相融合，以助力企业在创新或者市场拓展上有所突破。针对“数据量”这个话题，亚马逊CTO Vogels曾经说过：“在运用大数据时，你会发现数据越大，结果越好。为什么有的企业在商业上不断犯错？那是因为他们没有足够的数据对运营和决策提供支持。一旦进入大数据的世界，企业的手中将握有无限可能。”可以预料，在不远的未来，企业如何通过抓住用户获取源源不断的数据资产，将会是一个新的兵家必争之地。

由此可见，未来在出版业之间的竞争，由原来的对作者、读者之争，将会逐步演变为对特定作者或作家群的大数据之争，对特定或目标读者群的大数据之争。作为出版企业，愈是接近或掌握作者的真实世界，我们就愈主动，愈能够有的放矢，从而有利于网罗优秀学者、作家群体。同时，对读者群的大数据分析，有针对性地投放“炸弹”，俘获读者，也会让读者成为我们的商业伙伴。

出版业可能只为一个解决方案而存在

我们正处于一个变革的时代，变革是主旋律，新的科技革命正改变着我们的生活和工作方式。随着智能手机、平板电脑及移动互联网的兴起，乔布斯一下子把人们带进了普惠计算的时代，如今，只要你手握着一个智能终端，随时随地就可以获得一个想要的解决方案。IBM的CEO彭明盛在金融危机之后对奥巴马说，在人类历史上第一次出现了几乎任何东西都可以实现数字化、互联化的现象，还有什么信息不能被挖掘、分析、优化、决策，再到提供一个整体的解决方案呢？可见，在互联网、云计算和大数据时代，消费者就像用水、电、煤一样，随时随地都可以方便地获得想要的信息，以得到一个解决方案。

作为出版者，我们要做的可能就是要为消费者（读者）准备各种用来解决问题的文本，并将其纳入互联网系统。我想将来的互联网上充满着各种菜单式的、解决问题所需要的资料以及方案本身，编辑要做的就是像我们撰写报告、整理归档一样的工作，并运用互联网思维将我们生产出的各种图书（包括电子书）有序化、条理化。图书内容直接作用于人的精神世界，图书本质上也是为解决人类的一切精神层面的“问题”而存在的。

大数据的预测功能，使出版更富效率

2008年，英国《自然》杂志首先提出了大数据概念。大数据特性被归纳为4个方面：数据体量巨大；数据类型繁多；数据本身有潜在的价值，但价值比较分散；数据高速产生，需高速处理。那么大数据究竟对我们有什么样的功用呢？可以说，预测乃是大数据的力量核心，这也已被人类的实践多次证明。

微软公司全球常务副总裁布拉德·史密斯曾介绍说，微软生产的一款数据驱动软件，通过跟踪取暖器、空调、风扇以及灯光等积累下来的超大量数据，便可知道如何杜绝能源浪费，“可以为世界节约40%的能源”。谷歌公司也通过对搜索关键词进行分析，比政府检测部门提早两周预测到禽流感蔓延，从而为社会提供及时有效的预警服务。美国还曾发生这样的故事：一个15岁女孩的父亲在女孩从超市买来的物品中发现了一个夹带广告，这让他很愤怒。原来，超市向这个女孩推送有关孕妇及婴幼儿用品。在这位愤怒的父亲找超市理论的一两周后，他便走到超市道歉来了，因为他发现他的女儿确实怀孕了。超市方面也解释说，他们是根据这个女孩上网及一系列大数据提前预测到女孩怀孕的事实。

试想，如果我们也能生产一款软件，通过跟踪我们出版的各个环节及管理的各个细节并积累下超大量的数据，然后通过云计算，我们就知道在哪些环节造成了出版资源的浪费，那么就会大大节省出版的成本以杜绝浪费。如果我们也能通过读者关键词的搜索，或通过对读者行为大数据的分析，及早发现读者潜在的阅读需求，那么我们的出版工作就会更加富于成效，我们就能为很多好书找到它们的目标读者，就会将好书的信息及时发到需要它们的读者那里，那么，或许我们就会从如今库存严重积压的困境中走出来。

大数据带来营销的变化及出书结构的优化

在进入电子、互联网和大数据时代之后，图书通过互联网销售或者读者阅读电子图书，这些都可以产生海量数据。根据对这些海量数据的分析，可以制定新的图书营销策略。人们依据数据解读，发现打折销售一本再版书时，依然有10%的读者会购买这本“同一作者的另外一本书”（当然，这一定是某一作者的另外一本书，而不是孤零零的任意一本书）。这就为那些滞销、无法再为出版社带来利润的书，重新焕发活力带来一线生机。因此，如果出版商发现某种图书（某一作者的另外一本书）已经无法创造利润时，他们便可利用这一“发现”，有针对性地部署更好的推广和销售工作。“在印刷行业中，我们之前从未获得过这样的信息。”英国著名出版商布莱恩·莫里说。

尝试“动态定价”，也是出版者基于那些已经掌握的“大数据”而获得的感悟。在纸质读物时代，只能依据打折销售“改变”定价。但在电子书时代，可以随时随地依据适时的环境，为一本电子书定价。这种动态定价，可以满足读者的心理预期（如电商推出的“双十一”全民促销），如果形成气候，可以带来意想不到的销售业绩。

数据还有助于制定图书“内容”的购买决策，尤其是在学术、商业和科学出版领域。奥莱利传媒(O'Reilly Media)下属的图书内容数据库Safari Books Online，就使用了订阅者的阅读习惯数据来提升与改进自己的服务。亚马逊也拥有大量读者的阅读习惯数据，包括读者在每一页上停留的时间，以及他们何时放弃阅读某本书。如果出版商获得更多这样的数据，并且开始深入思考并运用这些数据，这便有可能成为整个电子时代（相对于图书的印刷时代而言）对出版者商业行为影响最大的因素。

在纸质图书的印刷时代，某些“无用的”书（积压在仓库的无法实现价值的“垃圾书”）之所以得以出版，原因之一就在于出版者无法确定究竟哪些书能有更好的市场、会大卖，哪些书没有更大的市场。简言之，就是对图书的市场表现只能根据我们以往的经验、直觉、品味、预感、关系，甚至一定程度的押宝式的固执来作出决策。而在大数据时代，这些因素发挥作用的强度将会大大降低。因为大数据为我们的决策提供了更多的客观依据，为我们的科学决策保驾护航。这样，那些以前出版的大量没有生命力的图书，就会被我们拒之门外，图书的结构得以优化。

大数据时代，出版的组织结构将发生根本变化

大数据时代，公司经营成败的关键越来越依赖于它们是否善于挖掘用户行为数据，并作出相应的以数据分析为指导的决策。这一原则也同样适用于传媒业。

《纽约时报》作为传统媒体如何率先应对新技术革命的转型案例，可以为我们提供镜鉴。

从报道来看，《纽约时报》这家有着163年历史的知名媒体在学习互联网公司方面迈出了坚实步伐。它在传媒界率先设立首席信息官，负责报社的网站及“数字科技”部门。还招聘了很多信息科技、网络技术及编程人员，其IT部门人数已达500人。除此之外，该报还有一个120人产品团队，30人数字媒体设计团队，30人用户分析团队以及8人研发团队。公司还成立了商业智囊团，专门负责《纽约时报》及报业集团的科技信息化转轨，并利用挖掘的数据材

料直接为公司的商业决策提供依据。

最近，《纽约时报》再开媒体先河，率先设立首席信息科学家，并聘请哥伦比亚大学运用数学副教授克里斯·维金斯担任这一职务。值得注意的是，这个职位并非全职，维金斯仍然是哥伦比亚大学的教授。但维金斯及他领导的小型数据分析团队（目前包括他本人才四个人）的贡献却至关重要。

我国的传统出版业，尤其是图书出版业，尽管目前已经转企改制，但仍然带有计划经济管理体制的影子。管理、决策的科学化、系统化、市场化依然任重道远，因此，建立与完善现代出版企业制度还有较长的路要走。在以互联网、大数据为标志的新科技浪潮中，我们向何处去，这是摆在每位出版人面前的一个现实问题。报纸和图书的出版尽管有差异(报纸依赖广告而生存，图书不是)，但同属于传统媒体，在面向市场读者方面，有其共通的一面。他山之石，可以攻玉。我们需要从现在开始，在推进体制、机制改革的过程中，也时刻准备着用最先进的理念改组、优化、充实与壮大我们的出版队伍，以适应新的国际、国内出版环境。我们也要像《纽约时报》那样，努力占领科技制高点，利用最先进的技术理念优化我们的组织结构（比如设立产品团队，添加信息科技、网络技术及编程人员，成立数字媒体设计团队、用户分析团队、研发团队等），逐步向科学决策靠近，以将出版管理和决策建立在基于大数据的科学分析之上。

出版业已开启一个开放、参与、互动、普惠、众筹的时代

作为中国工程设计大师，国家自然科学基金委员会管理科学部主任、中国工程院工程管理学部副主任、81岁高龄的同济大学教授郭重庆在9月21日苏州的“2014东沙湖论坛中国管理百人报告会”上指出，互联网目前正在颠覆各个行业的命脉，社交网络及微信变成了新媒体，新闻业的围墙正在坍塌，维基百科成为了群众自修自编的可信的另类百科全书，原来书也是可以这样编的。

这部号称“自由的百科全书”，我们来看看它是怎么运作的。

“维基百科”这个中文名称是中国人从“维基”的英文音译过来的。“维”指网络，“基”指基础，合起来就是网络的基础。“维基”既是音译，也是意译。它是一个“自由”“免费”“内容开放”的网络百科全书，任何人都可以编辑维基百科中的任何文章及条目。维基百科是一个基于维基技术的多语言百科全书协作计划，也是一部用不同语言写成的网络百科全书。其目标及宗旨是为全人类提供自由的百科全书——用他们所选择的语言来书写而成的，一个动态的、可自由访问和编辑的全球知识体。并且在许多国家相当普及。其口号为：“维基百科，自由的百科全书。”中文则附加：“海纳百川，有容乃大。”

维基百科自2001年1月15日正式成立，由维基媒体基金会负责

维持，其大部分页面都可以由任何人使用浏览器进行阅览和修改。因为维基用户的广泛参与共建、共享，维基百科也被称为创新2.0时代的百科全书、人民的百科全书。这本全球各国人民参与编写，自由、开放的在线百科全书也是知识社会条件下用户参与、大众协同创新的生动诠释。

维基百科中的所有文本都是在自由文档许可证下发布的，以确保内容的自由度及开放度。所有人在这里所写的文章都将遵循一份协议，所有内容都可以自由地分发和复制，真正实现了全民共享信息资源。截至2014年7月2日，维基百科条目数第一的英文维基百科已有454万个条目。全球所有282种语言的独立运作版本共突破2100万个条目，总登记用户也超越3200万人，而总编辑次数更是超越12亿次。中文的大部分页面都可以由任何人使用浏览器进行阅览和修改。

由此可见，在互联网的背景下，产品生产与价值的创造日益走向社会化与公众参与化（你中有我，我中有你），企业与客户间的关系也趋向平等、互动和相互影响。互联网的特征是开放，公正，参与，平等。“过去我们说外包，现在是众包，或者众筹，共创，普惠，脱媒，平台型整合，甚至加一个平等。”（郭重庆语）

这里还有一个例子：安德森从动手写《长尾理论》起，就把它当成一个别开生面的“事件”来策划和营造。这本书的写作过程是通过这本书的专门网站在与读者互动中进行的。正如作者在《长尾理论》一书的序言中所说的："作为一种实验，我在我的个人博客上以公开方式解决了许多比较棘手的概念和表达问题。整个过程通常是这样的：我会发帖子提出一种还不够成熟的观点，解释80/20法则为什么正在变化，然后会有数十位聪明的读者写下评论、发E-mail或是在他们自己的博客上发言，向我提出改进的建议。不知何故，这种业余的公开研讨会竟然引来了日均5000人以上的读者。"

如果说"维基百科"体现的是互联网时代的"开放""参与""普惠"等特征，下面我们再来看看"众筹"。

众筹，翻译自国外crowdfunding一词，即大众筹资或群众筹资，由发起人、跟投人、平台构成。众筹具有低门槛、多样性、依靠大众力量、注重创意的特征，向群众募资，以支持发起的个人或组织的行为。一般而言是通过网络上的平台连结起赞助者与提案者。群众募资被用来支持各种活动，包含灾害重建、民间记者、竞选活动、创业募资、艺术创作、自由软件、设计发明、科学研究以及公共专案等。众筹最初是艰难奋斗的艺术家们为创作筹措资金的一个手段，现已演变成初创企业和个人为自己的项目争取资金的一个渠道。近些年，"众筹"也被不断引进国内出版业，呈方兴未艾之势。

曾提出"互联网思维是一种全新的价值观""在当今时代，互联网是颠覆一切的力量"的奇虎360总裁周鸿祎，最近出版了一本自述，书名叫《周鸿祎自述：我的互联网方法论》，在京东众筹平台上进行预售，一个月的时间众筹金额达到160万元。为了表示感谢，他在北京和上海举办了互联网思维风暴分享会，北京的嘉宾是刘强东和徐小平，上海的嘉宾是沈南鹏，这也是图书出版利用互联网思维的一次“颠覆式创新”。（周鸿祎提出互联网思维的四个关键词：用户至上，体验为王，免费模式，颠覆性创新。）

再比如近期电子工业出版社推出品牌战略专家李光斗的一本《拆墙：全网革命》，也尝试了众筹出版。

当然，众筹在出版业的普及还有一个逐步完善的过程。随着出版业改革的不断深入和发展，相信这种方式将会被越来越多的出版者所推崇与运用。

（第27届大学出版社订货会于2014年11月1日在南京举行，“大学出版社编辑与出版论坛”也拉开帷幕。本文为大会论坛交流发言稿）

提炼与拓展

1. 长尾、大数据理论，大约五六年前随着互联网技术的迅速发展应运而生。长尾理论让“小而美”的公司找到发展的机遇，大数据则可能带来出版业的深刻变革。出版大数据会减少出版行为的盲目性，增强针对性与预测性，从而有效帮助出版企业做出科学的决策。

2. 跨国企业设立了大数据分析研究机构，为企业的发展提供强有力的数据支撑。大学里也纷纷开设了大数据学院，为社会积极培养具有前瞻性的技术人才。出版企业也应该顺势而为，成立专门的部门，积极搜罗与本企业产品及市场有关的各种数据，从而为企业的发展提供有效的决策资源。
3. 以前有传统三大网店销售图书，汇聚了数百万种图书的网上销售平台累积了海量的有关客户的数据资源，这是一个值得深挖的宝库，有待相关从业者去研究。现在几乎每家出版单位都有属于自己的“天猫店”，相关销售数据及客户信息的整理、分析、研究，可以为我们的决策提供参照。
4. 传统出版企业及出版人，似乎还未觉察到出版大数据的重要性，似乎还在依靠以往的“经验”对一切做出判断。我想，在不久的未来，人们会对大数据予以足够的重视。

转型期出版人的五种力量

面对新的出版环境，在传统媒体向新媒体转型及融合发展的过程中，出版人要努力锻造哪些能力呢？

中国文化融入力

经济的发展必然带来文化的繁荣与复兴。近十年以来，随着中国传统文化热的蔓延，各种国学班如雨后春笋在中华大地上勃兴，人们在茶余饭后或工作之余，积极参加各种琴棋书画培训与交流，以期提高自己的传统文化素养。人们不仅自己寻求这种学习的机会，还特别重视为自己的下一代寻找这种契机。传统文化学者鲍鹏山在几年前开办的以少年儿童为传授对象的国学经典班“浦江学堂”，很受社会欢迎。自第一期招生开始，报名入学人数期期爆满。从现实来看，“浦江学堂”每期招生人数远远不能满足社会的需要。“浦江学堂”如今在上海已经陆续开办了近二十个班级，办学规模日益扩大，并在近期成功登陆北京少儿国学经典培训市场。在国学热的大背景下，也孕育了很多出版机遇。出版人只有积极融入这种时代洪流，才能捕捉这种机遇。中华书局去年推出一本《中国古代物质文化》，该书可谓适逢其时，以其精致与丰富呈现了以往被我们有意或无意忽略的中国古代典雅且有品位的物质生活，从而吸引了大量读者，最终赢得了市场并攫取了丰厚利润。短短时间内，该书市场销量就迅速突破了一百万册。

与世界同步力

改革开放打开国门之后，中国人又一次睁开眼睛看世界，并逐步融入世界文明的潮流。就出版而言，近十几年来国外优秀作品的版权输入呈爆发性增长势头，掀起了一浪高过一浪的出版大潮。从文学小说、财经管理、心理励志、少儿读物，到社会科学、学术著作、大众科普、经典巨作等领域的畅销书排行榜单中，版权书一直占领半壁江山，甚至占据一大半江山，而且这种版权书在国内出版界唱主角的现象在这十年里已经司空见惯，而且有持续蔓延的趋势。有眼光且进取的出版机构及出版人，已然抓住了这个出版市场的巨大契机，捷足先登，纷纷融入世界顶级出版机构、学术机构及能生产世界一流精神产品的组织，占领出版制高点，力争与世界出版同步，从而将中国出版纳入世界出版体系，使中国出版市场成为世界出版市场的有机组成部分。这种信息同步、出版行为同步，正在从广度与深度上改变并提高国民的精神素养。

与世界同步的能力，是中国社会改革开放向纵深发展对出版人的时代要求。这种要求还包含了另一层内涵。中国需要融入世界，同样，世界也需要了解并深入理解中国。如何完成这种使命，出版人责无旁贷。出版人在了解世界的同时，也应将中国文化及时、同步并有效地推向世界，从而让中国文化融入世界文明体系，成为人类精神谱系的一个序列。所有这些，都为新时期出版人提供了巨大的作为空间。

机遇发现力

做出版该知道风会向哪个地方吹，是谓能看清“大势”。大势看清之后，就要善于发现各种“机遇”。所谓机遇，就是在别人还没发现的时候发现，才叫机遇，当大家都发现的时候，某种意义上，那就不叫机遇。举个例子：如今无人不知的星巴克咖啡，创始人舒尔茨原来也是草根出身，他在一家销售咖啡豆的公司工作，工作期间他向老板建议，另辟蹊径销售咖啡。在老板没有采纳他的建议之后，舒尔茨很快辞职自立门户，终于打造出咖啡行业的商业帝国。出版界这样的例子也有不少，虽然没能像舒尔茨那样做成那么大的事业，但其灿烂辉煌依然夺人眼球。去年在出版界掀起一股狂潮的《秘密花园》系列的出版，就是一例。艺术化的美图描绘，色彩斑斓，不仅让人身心放松，又能起到审美的艺术效果。一支笔(各种颜色的都有)、一本描绘书——这种廉价的甚至是原始的手工劳作方式，既经济又能把人带回到那种身心紧密凝聚在一起的朴素劳动中，让人真正体会到劳动的欢愉与审美的意趣——这一切正好为被焦虑、烦恼等负能量所困、久居水泥钢筋所垒筑的城市丛林中的人找到了有效的情绪出口，从而备受都市白领的青睐与追捧。《秘密花园》在出版上的巨大成功，正在于出版者首先发现了巨大的潜在市场(普遍的焦躁情绪与心理负能量)，然后又寻找到了满足这个潜在市场需求的最优的产品方案。前几年《不抱怨的世界》《正能量》在书业的横空出世、横刀立马、横扫千军，也是这种路数的成功案例，所不同的是，《秘密花园》可以说是前两者的创新升级版。

以品牌为核心的文化生态构建力

放眼望去，整个出版的大生态是由若干个出版圈构成的。从出版者角度而言，分为若干个出版社、出版公司以及无数大大小小的以微信公号为代表的互联网出版平台，它们构成一个完整的出版大生态；从产品属性角度来看，出版大生态又由不同的出版产品、不同的产品线、不同的产品板块等所构成的无数产品圈组成；从作者角度而言，出版大生态又由无数以作者为轴心所构成的圈组成。在传统媒体向新媒体转型(融合发展)的互联网时代，原先的出版格局已分崩离析，各种网络出版、虚拟出版、微信平台出版“乱花渐欲迷人眼”。在这种纷繁复杂的情势下，出版者要有一种文化整合及以品牌为中心的微生态(相对整个出版大生态而言)构建能力。这种整合能力及微生态构建能力，不仅表现在传统媒体与新媒体的融合上，更多地表现在以品牌为核心的系统建设上。以构成完整出版大生态的作品圈为例，当出版者发现某种文化产品具有极大市场潜力的时候，就要力争把它打造成某个细分市场的品牌。当这种细分市场的品牌建立之后，就要着手建立以作品为核心的“系统工程”，从而开始系统的运作与营销。如产品资源的立体、多方位开发，漫画、网剧、影视剧、舞台剧、有声读物等；从作品延伸到作者，根据作者的特质，进行有针对性的市场营销。甚至可根据作者的影响力，为某一产品代言，为某一特定客户群体定制某种衍生产品等。还有围绕产品核心，针对某一受众群体可开通专门的微信公众号进行运营，与广告商合作等等。总而言之，新的出版环境下，品牌的打造至关重要，它是适应互联网环境下出版微生态系统构建的前提与基础。而品牌的打造，往往不会一蹴而就，既要遵循出版的本质与规律，又要按照市场的逻辑与法则运行，这一切都要出版人付出长期艰辛的努力。

超级推广营销力

好的文化出版产品(包括出版物)要有好的、强势的营销推广方式。前段时间有一个为高大上合唱艺术做的旋风般的极具穿透力的营销方式，值得所有文化产品营销者、推广者(包括出版从业者)借鉴，这就是曾在微信广泛传播的《张士超你到底把我家钥匙放在哪里了？》。故事从一个(受害)少女(少妇)责备一个花心负心汉开始，略带哀怨的情感基调及故事发生地点(上海五角场)和人物(张士超、华师大的姑娘)的具体确定性，一下子把受众(读者)带入一个真实的情境，并在瞬间触动了他们的神经。在众多读者(受众)的神经紧绷起来之后，在一颗颗为情感所充盈、脆弱的心被吊起来之后，故事及故事的故事在持续升温、发酵，并从外延和内涵两个层面延伸。最终一个带有欧洲经典歌剧风格的高雅合唱团——彩虹合唱团浮出水面，并几乎在一夜之间为广大受众所熟知。这个强势营销的模式也就此大获成功，它也必将成为当下文化产品宣传、推销的经典案例。这个营销案例给我们的启示有两点：

其一，情境(故事)设置达到迅速抓住目标读者(受众)神经的效果，让受众一时欲罢不能，继而产生“追剧”的强烈渴望；

其二，故事的设定与要推销的产品紧密相连。在读到《张士超你到底把我家钥匙放在哪里了？》这个像病毒一样在极短的时间内在微信蹿红的故事之后，只要我们对欧洲经典歌剧略有赏析基础，我们都能产生一种似曾相识的感觉，甚至觉得这个故事情境就是某出欧洲经典歌剧的现代中国版。当最终指向(内容、产品)水落石出之后，读者(受众)会恍然大悟，甚至击节叫好，天衣无缝的联想撞击出巨大的火花，从而让读者在记忆中烙下深刻印痕。据说创作这个营销方案的文本作者只花了极短的时间，甚至是他的恣意激情之作。这也给总体缺乏活力与激情的中国出版从业者，以深刻的启示。

（本文发表于2016年2月17日《出版商务周报》线上新媒体）

提炼与拓展

1. 本文主要从宏观角度，立足当下，提出带有方向性的五个方面，这五个方面应是当下出版人所关注的。中国文化繁荣发展，离不开不断的新创造。出版人应密切关注那些优秀的学者、作者所做出的努力及其成果。与世界同步，就是要放眼世界找作者、找资源，一切人类优秀的精神成果，都应成为我们撷取的对象。
2. 机会无处不有，关键看你有没有抓住机会的准备。近十几年来的出版实践，充分证明了出版人任何时候“出发”都不晚，都会创造一时的辉煌。传统的有新经典、共和联动、果麦、读客等，新媒体出版的有一条、蜻蜓、喜马拉雅、小鹅通、超星等。
3. 构建文化生态的能力，是一种要求极高的复合能力。既要有抓住优质内容资源的能力，又要设法进行多媒体运作，使其价值发挥及收效最大化。
4. 信息过剩的时代，要想从汪洋大海般的信息流中跳出来，为万众所瞩目，可不是一件容易的事。酒香也怕巷子深。这就要求出版人具备超凡的推广营销的能力。

转型之道：从“图书编辑”到“平台编辑”

近日，出版社一套厚厚三卷本“冷门书”——《日本电影史》，经某一专业平台的一篇极具诱惑性的网文（图文并茂）推介、宣传，迅速引起一股购买旋风。短短几天内，经由平台链接进入出版社官方微店的读者，就购买了几百近千套！你要知道，这套所谓“冷门书”定价可不菲啊，一套近200元。而且，这是一套出版社库存的“旧书”，自去年出版后发行总数有没有几百套也不敢保证呢。“冷门书”爆出热话题，至今还在撞击着出版社里的编辑出版人。

之所以发生了这样的“奇迹”，全拜互联网微信公众号平台所赐。互联网出版发展到今天，已成百家争鸣、百花齐放之势。出版的分工及专业化、精细化程度甚至远远超过了传统出版业。就以上那家平台而言，专攻“电影”，几乎每天推送有关电影的趣闻往事、大片新片动态、明星传奇情史、热门电影评论、经典影视欣赏等等，音频、视频等多媒体手段一应俱全，已然将大批目标读者客户、粉丝紧紧锁住。可见，这样的平台，已不仅仅是一本传统意义上的电影杂志了，其内容的丰富性、及时性、连续性、趣味性、互动性等等，不知已超出一本单纯意义上的传统专业杂志多少倍。

“冷门书”所爆出的热话题，至少能说明两个问题。其一，互联网平台已然多样、丰富、火爆，它们对所匹配的“内容”是多么的渴求，尤其是对经过专业化编辑劳动所展示出的“优质内容”（纸质书样本）的依赖度是多么的大。这恰恰证明了一个经验丰富、积累深厚、眼光独到、能提供与互联网平台相匹配的“优质内容”的专业编辑，其存在是多么的有价值。其二，互联网平台出版，也为编辑人提供了广阔的用武之地。

传统出版社，尤其是大型综合性出版社，如何开辟新的发行渠道、减少日益高涨的“库存”，一直是一个亟待解决的问题。如今，互联网平台的建立与迅猛发展，为这一问题的彻底解决，似乎展现了光明的前景。出版社只要能继续发挥自己的优势，做出好的内容产品（书）来，然后找到（或建立）相应的平台（一个或多个）就可以把产品卖出去了。就传统编辑个体而言，似乎你擅长发掘什么内容，你擅长做什么书，都要与相关平台建立稳固的联系并良性互动，这样既可以优化选题结构，增强自己工作的针对性、目的性，又可以确保自己所策划的图书的有效销售，从而摆脱“我是编辑我可耻，我为国家浪费纸”的尴尬处境。

互联网平台的出现，为编辑人所带来的机遇与挑战（机遇与挑战并存），远不止于多卖几百上千本书这个层面。它所提供的广阔的施展空间及创造性的发挥余地，更多地表现在编辑人与平台之间的紧密合作与联系上。如果说以上案例还仅仅解决的是一个传统出版意义上“产品产销匹配”“产品精准销售”的问题，那么，编辑人与平台的无缝对接及有机“匹配”，才是互联网出版条件下解决编辑人出路的根本之道。

编辑人与平台的无缝对接及有机“匹配”，是“传统出版人”（图书编辑）向“互联网出版人”（平台编辑）的一种转型。这种匹配，也给编辑出版人带来前所未有的挑战。编辑要完成从传统内容发现者、编辑者向互联网条件下内容的发现者、“编导者”角色的过渡。传统出版环境下，编辑基于市场动态的研究分析，发现市场读者的新需求与新趣味，策划选题以至最终创造出内容产品推向市场。如今，互联网平台出版几近瓜分天下，工业化时代统一的大市场已为无数个以平台为核心的社区所取代。一本书、一个作者、一个学者号令天下的时代几乎一去不复返（当然，超级大V除外）。编辑要融入平台社区，发挥自己的专业特长，就必须完成自身的蜕变。这种蜕变来自于所面临的出版环境的改变。

传统编辑	平台编辑
选题（发现内容）	选题（发现内容）
设计（封面、版式）	音频、视频、多媒体技术运用
宣传广告语提炼 地面书店、网店	平台宣传（网文撰写） 微店

从上表可以看出，纸质出版与网络出版编辑所面对的环境发生了改变。虽然编辑在策划选题、发现内容时，心里对受众群体是“有数”的，一定明白谁是该内容的购买者、消费者，但平台编辑在这一点上会更加明确，因为任何一个平台，尤其是已经成长起来的、拥有数十万用户或具有高成长性的平台，本身就具有锁定目标客户的专属性。面对互联网微信平台，传统意义上的“编辑”不可或缺，不可或缺的不是自然意义上的某个个体，而是他经过市场的历练与经验，知道如何发掘好的内容资源，明白内容资源与受众如何有机衔接，以至于更好地最大化地呈现与发挥内容的价值。在这一点上，二者也是相通的。

平台编辑，顾名思义，就是面对平台如何有效呈现你所发掘和掌握的内容资源。就某一内容资源而言，哪些适合以音频形式呈现，哪些需要视频助力，这是平台编辑要明白的；过去为了宣传图书，提炼精彩的广告语用于报纸宣传或网店陈设，现在要面对互联网平台，而如何使用“平台的语言”黏住受众，这也是平台编辑的日常功课；作者具备什么特性，如何利用平台特性加以开发利用，这一点也必须要考虑到；平台用户的“痛点”在哪里，如何紧紧抓住这个痛点，利用互联网技术手段做好精彩文章，这是平台编辑的重中之重；平台编辑面对的是新的消费及购买形式——微店，如何开微店或将自己的创造性成果陈列在微店上，如何定价，如何引导客户实现购买行为，这些都是新课题、新挑战；平台用户基本需求一致，而他们的内在需求又是多元的，如何在满足核心需求的同时满足衍生需求等等，这些都是平台编辑所要研究的。

传统意义上的编辑所具备的历练（对优质内容资源的发现、利用及对市场的洞察等），天然地契合平台编辑的内在诉求。当然，这还远远不够。除此之外，还要承担起“编导者”的角色，需要调动多种手段，具备多种技能及素养。有一种观点似乎很流行，认为传统编辑受制于“传统”，不适宜平台新时尚，这将被证明是错误的；而另一种观点则重平台技术、手段，忽略或轻视编辑人员的历练、素养，也是错误的。

在互联网出版环境下，还有一种现象似乎说明“编辑”或“平台编辑”的可有可无。那就是作者（尤其是优质作者）面对平台，直接与平台“签约”，跳过了“编辑”这一环。对某些作者而言（包括平台本身），短时间内或许“业绩”还不错，但从长远看，这是不可行的。因为任何一个作者（包括平台）都有其局限性，对瞬息万变市场的把握，对内容资源的多元化、最大化开发利用，对作者的持续营销等等，这些都要发挥作为专业人士的“编辑”或“平台编辑”的作用。

（本文发表于《出版商务周报》2016年8月28日）

提炼与拓展

1. 网络平台经过一段时间的激烈竞争，已形成诸侯割据的局面。往往一个平台下，网聚了相当多的受众，少则几万，多则数十万、数百万，甚至上千万。平台集聚了众多“趣味相投”的人，构成了独特的社区。
2. 平台是互联网时代诞生的新媒体出版场所。它以不间断的内容提供为纽带，集聚人群，产生流量，然后利用庞大的流量，从事商业活动。它们不仅承揽广告，获取广告费，还从事内容付费业务，甚至直接进行电商经营。但无论从事哪种业务，都要起草文案进行推广。这与编辑业务相关，尤其是内容付费业务。
3. 网上的读书会平台，这几年发展迅速。罗辑思维的得到、樊登读书会、慈怀读书会等，都是500万粉丝以上（有的在千万级以上）能级的大号，它们通过线上、线下共振的方式，积极推广读书活动。因为占据了受众用户资源的优势，更是利用资本的力量，它们便主动介入图书等一系列的出版活动，从策划组稿、找目标作者，到经营IP线上线下生态链，纸质、音频、视频等全方位运作。这是传统出版社以外出现的新事物、新现象。

4. 平台为编辑行业打开了更大的想象空间，也对编辑提出了更多的挑战。全媒体融合发展，你中有我、我中有你，看来是一种趋势。

○ 新业态下的冒险精神与文字工匠

新业态中，哪些人会被淘汰

从新经典看内容创业之道

新媒体读书会与传统出版

出版的“代理”与“管理”

新业态中，哪些人会被淘汰

互联网+的时代，多媒体融合的时代，自媒体遍地开花的时代，微店不断壮大的时代，哪些身在出版圈的“出版人”将会被淘汰呢？

缺乏热情的人

做出版没有热情是不行的，尤其是面对当下复杂的出版环境。一个简单的道理是，你对作者没热情，不能打动作者把好的稿子给你。你对工作没热情，一个封面你都不能出好稿。传统出版向新媒体转型及融合发展阶段，你没热情，就不可能站在最前沿做个好的观察者、研究者、大胆的尝试者。当下，出版者的热情一要向出版的各个环节倾注，要在“面上”铺陈、延展，同时也要向深处渗透。新媒体环境下，纸质出版的专业化、精品化、品位化要求不断提高，你的兴趣和热情就要多投入到这个方向，如不然，作为传统出版人你就危险了。在这个时代，一个成熟的作者也需要编辑不断的发现与引导，需要投入更多的精力去研究作者、研究市场，以便更好地帮助作者找准市场定位，发掘其核心价值（独特的价值）。若没有足够的热情储备，这些你也做不到。

缺乏冒险精神的人

冒险就是敢于试错，一个不能容忍冒险、试错的领导不是好领导，一个不能容忍冒险、试错的环境不是宽松的环境，不是创业干事的好环境。坦率地说，在出版体制内如今期望有这样的领导与环境，近似奢望。出版的本质是文化“创意”产业，敢于不断挑战既定之规与“权威”，充分发挥人的创新精神，本是题中应有之义。如今，放眼望去，那些在出版界风生水起的领导品牌——新经典、读库、理想国等等，哪一个不是通过“冒险”“不走寻常路”得来的！同样，放眼望去，我们的体制内循规蹈矩者、随遇而安者、守成自得者比比皆是，与充满活力的“创意”产业，格格不入。滔滔黄河九十九道弯，黄河就在我们当下出版业的面前拐了一道弯。但黄河的意志没有消沉下去，黄河的水没有停留下来，它依然要奔向大海！

没有眼光的人

在职场中，若没有眼光很要命。所谓眼光，一是看得准，二是看得远。看得准，抓得牢，就成功；看不准，抓不牢，就会浪费时间和资源，只能为业界、公司创造负价值。井底之蛙只会看到头顶那片天，他的世界也就巴掌一块大，你不能指望这样的人做成什么事。作为出版人，一手要抓住眼前有价值的文化产品，一手要抓建设（作者培养、项目孵化），为未来做准备。把庸品当上品，甚至有的把垃圾当黄金，这样的例子在出版界比比皆是。这些“出版人”在无谓地耗费着自己的生命，浪费着社会的资源，很可惜。面对如今更加复杂的媒体融合环境，有的“出版人”不知所措，也不知道未来在哪，该向何处努力，这一点也很可悲。

以高大上为傲的人

高大上不是不好，但在出版界，有人一味以高大上唬人、吓人、压人，这是一种极不好的现象。似乎这种现象由来已久，绵绵不绝，根深蒂固。这可能与官场不良的、一味好大喜功的“形式主义”“官僚主义”脱不开干系。在出版界，高大上的一个典型就是善于制造“大项目”“大工程”，搞“大动作”，生产“大码洋”。“大项目”动辄几百万字甚至几千万字，且不说这是出版界的“形象工程”“政绩工程”，也不说它不接地气，有浪费纳税人财富之嫌，单说出版生态本该是百花齐放、百舸争流这一点，就不应该板着高大上的脸傲视天下。从某种程度上说，出版界的“高大上”风气，是盲目追求GDP时代的产物，它与强调民生（接地气）、追求创新的时代氛围格格不入。

躺在体制身上“要饭”的人

政府对有的文化出版项目进行一定的扶持和补贴，本无可厚非。但作为企业的出版机构与出版人，如果一味躺在“补贴”身上“要饭”，切不可取。一方面这可能形成对有资助项目的依赖，难以保持自身的独立性。没有独立的市场主体（企业，个人），何来创新发展！另一方面，过度依赖补贴，难以集中精力开拓市场，难以在激烈竞争的市场中发展自己、壮大自己。经济转型向供给侧倾斜，没有适应市场的锐意进取精神与创新能力，哪来创新产品实现“有效供给”呢！（我在想，图书市场大量平庸产品的存在即“无效供给”，虽然是由很多因素促成的，但与这一点可能也有关。）

文字工匠

以往人们一直以为编辑就是看稿子、改错别字、查核知识点对错，但从相当一段时间来看，这一点对编辑来说变得不是很重要了，这项编辑功能可以“弱化”，甚至完全可以“社会化”。只要你愿意出钱，可以雇人来完成这项工作。而不可“社会化”的编辑功能（价值）则体现为编辑“个性化”的特质，从某种意义上说，这也是无法取代的。如发现文本（内容）价值的独到眼光（需要专门的训练获得），媒体融合力及运作力（需要学习、观察、体验、探索、实践来提高），对作者资源的开发力（与作者的沟通力、亲和力及对作者、作品特质的洞悉力等），营销推广力（掌握消费者行为心理学及行动力），宣传力（熟悉传播技巧、传播规律），社会交往力（广交朋友建立多方联系），建立以作者或作品为中心的“生态构建力”等。没有这些属于出版人所具有的诸多“力”（硬功夫），就不可能成为一个出色的、成功的出版人。

提炼与拓展

1. 热情是做好编辑工作的首要条件。热情来自对这个行业的爱。“爱为生生之本”，因为“爱”，才有了一切生化、变幻的契机，一切才会有好的结果。热情与“理想”分不开，做出版要有理想、情怀，甚至要有几分理想主义。出版是文化事业，不是工匠活。文化事业都带有几分理想的色彩，与现实形成对照。我很欣赏复旦已故著名学者陆谷孙先生的一句话：用理想主义的血肉之躯，撞击现实主义的铜墙铁壁。
2. 要把出版当做自己的事业，就要有一定的冒险精神。时代发展很快，不进则退。没有一点冒险精神，就意味着时时处在风险之中。

3. 出版界有一种以“高大上”唬人的现象。动辄数卷、数十卷的大部头，气势恢宏，咄咄逼人，且不说到底有多大出版价值，单就这阵势，也令读者望而生畏。我以为，这是政绩工程的陋习在作怪。

从新经典看内容创业之道

近期，出版界，或叫“内容创业”界，发生了一件大事，那就是新经典文化股份有限公司在上交所成功上市，一举创下一家民营书业仅靠优质文化内容资源创业登顶的纪录。一时间，舆论哗然。

十五年的创业路，不断书写传奇。从童书《爱心树》《可爱的鼠小弟》分别发行165万册、883万册，到《窗边的小豆豆》发行960万册，从三毛《雨季不再来》《撒哈拉的故事》《梦里花落知多少》等系列发行1150万册，到路遥《平凡的世界》发行1200万册、马尔克斯《百年孤独》发行560万册……另据报道，该公司2017年第一季度营业收入近2亿元，利润达6000多万，分别较上一年同期增长5.75%和30.05%。该公司还拥有3000多种优质内容版权，囊括世界多位诺贝尔奖及其他各种重要奖项的顶尖作者，其中包括中国的多位顶尖作家。骄人成绩的背后，人们不禁要问，是什么成就了新经典的辉煌?

对作者负责什么?

孕育新经典辉煌的基因，正在于他们自己朴素的经营理念：对作者高度负责，对作品高度负责。如何“高度负责”，见仁见智。但我以为，在当下的出版环境中，“高度负责”就主要地体现为为作者及其作品的“价值最大化”而努力。让作品“价值最大化”有两层含义：一是让作品社会效益最大化。而衡量这个效益最大化，不是单纯指我们所理解的评个什么奖之类的——当然能获奖更好，但不能把努力的重心放在这里。某种意义上说，即便获了奖，如果作品被束之高阁，仍没有多大意义。我所理解的这个效益最大化，应通过发行和销售的数字来反映。任何作品都天然地携带“扩张”的基因，没有人不希望自己的精神产品被更多的人所享用，因此，市场环境下，作品的社会效益一定程度上必须通过经济效益来体现。二是让作品的经济效益最大化。出版早已改制，每个出版企业都以追求经济效益为己任，这也使得企业的目标与作者的目标相一致。

如何对作者负责?

作者创作的每一部作品，从诞生之日起，就带有自己独特的属性。认真对待作者及其作品，不能仅停留在表层的“审读”“纠错”的阶段，更要深入作品的内核机理，善做一个潜泳者，捕捉与打捞作品信息海洋里的每一朵浪花与每一丝涟漪（包括作品让读者试读的反应及作者以前作品在读者市场中已有的反馈），这样才能全面而准确地把握作品的“习性”与“气质”，才能在以后开展的各项活动中居于主动地位并富有成效，从而让每部作品实现价值最大化，真正将对作家及其作品的“高度负责”落到实处。青年作家蒋方舟曾说过，她的灵魂里一直住着一个“直男”，因此，她的文字世界极富魅力，一经出手，既能抓住女性白领的神经，也能让男性白领击节叫好，两边都占了，不可谓不成功。作为内容经营者，心里也应该住着“作品”与“作者”，只有这样，才能深谙作者及其作品的独特秉性与魅力，才能完成对作品的一次真正“审读”。

以新经典为例。日本推理小说作家东野圭吾的系列作品《嫌疑人X的献身》《白夜行》等出版以后，广受欢迎。在编辑团队接触作者的另一部非东野圭吾“典型性作品”（即后来出版的《解忧杂货店》）以后，他们一度感到束手无策，甚至“傻了眼”，尤其是在这本书最初被翻译成《奇迹的浪矢杂货店》之后。编辑们团队经过半年多的讨论，出版营销整体方案几易其稿，虽然最后定下来，但他们仍然感到哪里不对劲，尚存不足之处。后来，一筹莫展之际，他们向“读者”伸出求援之手。他们利用各种途径先后与作者的一千多个粉丝读者就该作品进行了深入的沟通与交流，获取了大量极有价值的信息。这种直接来自读者的信息，让他们豁然开朗，茅塞顿开。这便有了后来的《解忧杂货店》的书名，也有了不同以往的新的宣传策划整体方案。在编辑的努力下，该书推向市场后销售不俗，而且遥遥领先于作者的其他作品，单本就创下发行396万册的天量。

内容创业生存之道

从新经典成功案例来看，所谓“内容创业”，要想取得成功，关键在于两点：一是发现极具“传播力”的作者及其作品，这一点极其重要。一道美食，优质的天然食材至关重要。再高明的厨师，食材不理想，他也只能使用各种手段，多用“添加剂”，结果味道虽“美”，但是离自然健康甚远。二是努力打造极具“传播力”的平台，这需要培养一支专业素养过硬的队伍。这支队伍不仅能够发掘与培育极具“传播力”的优质内容资源，还要能做到“内容”与“市场”的无缝对接，做到有的放矢，从而收到“精准打击”市场之效果。只有做到了这两点，才能使作者及其作品传播价值最大化，也才能做到对作者及其作品“高度负责”。

（本文发表于《出版商务周报》2017年6月4日）

提炼与拓展

1. 任何成功都不是偶然的，出版也不例外。发现极具传播力的优质出版内容资源，打造极具传播力的平台，是获得巨大成功的不二法门。

2. 在我看来，优质的内容资源，或者叫上等的内容资源，都天然地带有广泛传播的基因。发现这种极其“稀缺”的优质资源，是编辑的首要职责。有些经过市场检验的作者及其作品，因某种因素而未能到达得更远，这就需要我们再加一把力，让其传播得更广、更远，这也是编辑的职责所在。

3. 任何极其优质的资源都不可多得。那么怎么办？这就要学做厨师、美容师了！面对绝大多数不完满、总有这样那样“欠缺”的作品，只能取其所长、用其所长、显其所长、让读者汲取其所长。

4. 成功的出版，一定是两头都很成功：一头是编辑的“发现”，“谋内容”；一头是营销、市场的强有力推广，“谋读者、市场”，这也是出版的常识。

新媒体读书会与传统出版

随着微信技术的发展，移动互联网社区化的各种读书会风起云涌。早前有罗辑思维，后有樊登读书会、慈怀读书会等等，而且还不断有媒体人员加入到这个看起来极具爆发力且前景广阔的阅读大市场。这一切似乎表明，所谓移动互联网“知识付费”的时代已然来临。

罗辑思维的成功尝试在读书出版界引爆了一颗耀眼的核炸弹。最初只是高级心灵鸡汤脱口秀，后来俨然成为热门的知识贩卖者，前几年通过电商平台，一年的纸质图书销售额就达数亿元之多，简直是个天文数字。它的横空出世，给景气指数向来不算高的书业注入了一针强心剂，在某种程度上也改变了过去单调沉闷的知识生产方式。樊登读书会先人一步，凭着某种敏锐的嗅觉，率先站在了一个扑面而来的强大风口上，利用便捷的新媒体平台，组织服务团队，系统地引领读者读书，并为读者制定切实可行的读书计划，以确保读者在一年内能够阅读一两百本好书。这种系统地为读者提供全方位阅读服务的新媒体机构，收费也不贵，其性价比之高，令不少人惊呼：天下竟有此等好事！

“慈怀读书会”仿佛是后起之秀，是创始人陈晓峰先生“无心插柳”的结果。陈晓峰先生一向低调、务实，当他的事业发展已风生水起时，也不事张扬。他原先是一位大学教师，几年前利用业余时间创办“慈怀读书会”，并开始组织线下读书活动。“慈怀读书会”开宗明义——因书明理，以慈怀道，昭示着这位曾经的大学老师“慈悲为怀、读书明理”的胸襟与理想追求。他一方面在线上不断推送文章（主要是转载），另一方面在线下精心安排、策划读书沙龙，让读者互相切磋、平等交流、思想碰撞。经他之手推送或编选的文章，几乎都是软糯香甜、咸淡可口的“心灵鸡汤”（本文中的“鸡汤”不含贬义——作者注），或涉职场打拼之道，或涉婚姻经营之法，或是人际处世心得精要，或是心灵修炼醒悟真言。因这些文字都深入浅出，道出了某一人生情境之理，再加上文字间满溢慈悲情怀，有人间关怀与“大爱”，从而吸引了众多读者。入心入肺的文字再配以优美悦耳的音乐及富有感染力的朗读，更是让人每读（听）一次，都难以释怀。如今，“慈怀读书会”发展迅猛，在一个总号的基础上，又发展出了十几个分专号，有女性成长、女性情感系列专号，有《红楼梦》读书会、《三国演义》读书会、《水浒》读书会、《史记》读书会、《古文观止》读书会等系列专题读书专号，此外，还开发了系列微课。如今，“慈怀读书会”用户已发展到400多万读者，可谓大观。之所以能在短短的几年内取得如此骄人的成绩，陈晓峰以平静、朴实的一句话给出了答案：鸡汤是“刚需”，一要好看，二要有用。

是的，是“鸡汤”成就了“慈怀读书会”，也成就了很多新媒体公众号。对很多读者来说，“鸡汤”就是心灵导师或心灵按摩师，每当困惑之时，他（她）总能获得一份启迪，总能打开心结，让心灵重回自由、重获阳光。正因为这样，众多读者才会离不开它。在微信号上，一篇有分量、有内涵的高质量“鸡汤”文，往往在极短的时间内就能获得10万加的阅读量，而且评论众多。

线上“鸡汤”线下活动（自发组织、自由活动，去权威化、中心化，相互尊重，平等交流），这就为不少读者营造了一个极其舒适的、可依赖的精神社区——心灵归属地，精神家园。“社区化生存”是目前新媒体环境下人们社会化存在的一大特征。以前就有天涯社区、豆瓣社区为其典型代表。尽管“鸡汤”是刚需，提供的是“短、泛、浅、快、碎”（这是有的媒体概括当下阅读文化的几个典型关键词，姑且用之与所谓严肃阅读、深阅读、整体性阅读、系统性阅读等相对照）的精神食粮，能解决很多读者的“精神温饱”问题，但以读书会为载体的社区，如果仅仅停留在提供“鸡汤”的层面上，是远远不够的。因为，就读书而言，追求高一阶的精神食谱，拓宽精神的边际与界面，提升精神的层级、质量，乃是社群的精神成长之需。

这也为读书会提供了巨大的作为空间。不同的读书会面对的受众各有不同。可针对受众的年龄、性别、文化水准等制定相应的对策，在开发新的项目时（比如微课设置、书目选取、读书计划制定及整本书导读的形式等）做到循序渐进、有的放矢，从而不断引导受众向上成长。罗辑思维从一开始就找准了精英受众的定位，它起点高，一出场就站在了一个较高的精神层级上。它讨论的是与我们当下及未来密切相关的更宏大、更深入的主题，可谓眼界宏阔，关切深厚。当然，它的话题往往是由一本极有阅读价值的图书生发开去。比如，它就曾推荐过我策划编辑的《隐权力——中国传统社会的运行游戏》一书的作者，由此引导读者反思历史。樊登读书会相较而言受众面比较宽泛，而慈怀读书会网聚的受众很多则是女性读者，且80后居多。

新媒体读书会与传统出版形成互补，它也成为推动传统出版转型升级的无形力量。“慈怀读书会”将在微信平台上编辑发表或转载的文章结集出版成纸书，并通过微信平台广告，一本不到10万字的鸡汤散文读本（除了两位知名作家之外，全为默默无闻之辈），6.5个印张，32开，195页，封面白卡纸，正文80克用纸，内有十几页彩色插画，定价42元，书名为《把生活过成你想要的样子》（也挺鸡汤的），一年销售了近15万册！这貌似看起来抢了传统出版的饭碗，但就目前读书类微信公众号而言，它们尚不具备生产极其专业内容的出版物的能力（除非书号管理放开），它们现在或将来要做的“升级版”读书会，也大都是推荐、讲解更高阶图书，而这些“好书”，也多数是由传统出版社运作出版的。它们围绕精美图书做文章，或开发微课，或系统深入讲解，或制作音频视频等，它们这样做对图书的价值予以展示，是件好事，其结果恰恰是帮助了传统出版社做了图书的深度营销。就拿罗辑思维来说吧，尽管它从传统出版社那里挑书，后又根据自己的理念进行加工包装，但最终脱不了与出版社的合作。因此，短期看，传统出版社不会有大的危机。危机只在于：传统出版社有没有持续策划、生产更具阅读价值图书（真正的精品图书）的能力！

真正的以人为本、慈悲为怀的是像“慈怀读书会”这样的新媒体，它们从无到有、白手起家，靠的是抓住受众内在的需求并精心加以开发、维护，并持续不断地对广大受众给予心灵的雨露阳光，才最终从深海中泛起，引起关注。爱即慈悲，也许这正是它们成功的秘诀与前行的力量。传统出版人应从它们那里获得启示。

（本文发表于《出版商务周报》2018年4月22日，发表时改名为《传统出版可借力新媒体读书会探索知识付费》）

提炼与拓展

1. 读书会平台各有千秋，它们各自服务不同的人群，扩张与发展采取的策略也各不相同。慈怀读书会大大小小有近20个公号，形成一个较大的公号矩阵。有慈怀读书会、慈怀女子、慈怀妈妈、慈怀诗会、慈怀夜听、慈怀忘忧堂、慈怀好物、慈怀音乐、慈怀女子成长读书会、慈怀上海等等。粉丝用户500多万，大部分为70后、80后女性。而它们的员工绝大多数为90后，全商业化运作，盈利来源主要为三块：广告、内容付费、电商。

2. 慈怀读书会的策略为稳扎稳打、步步为营。它们利用自身的盈利，招募新员工、添置办公家具、购置办公场地，这几年发展平稳，且稳中有升，目前员工已达60多人。

3. 不原创内容，而主要是靠转发及分销别家的内容产品维持运营，这是它们的既定路线。这就省去了内容产品研发的开支与费用，也省去了一定的研发带来的风险。但这是否具有可持续性，仍是一个待解的疑问。

4. 各种充满温情诱惑、说道且极具黏性的“鸡汤文”，占据了“慈怀读书会”的大小平台，也网住了众多的成年女性。中年危机带来的各种困惑，在它们那里都得到关注并予以纾解。读者能从它们那里获得安慰、宽慰，获得某种人生的启迪，并有“猛然醒悟”、醍醐灌顶之感，就是它们尊奉的“硬道理”。用慈怀掌门人陈晓峰先生的话来说，“鸡汤”是刚需，这也是他从内容创业中获得的强烈启示与成功密码。

5. 我以为慈怀读书会的功能，类似于当年纸质版《读者》，但就内容的更新频率之快，它比《读者》要强大数百倍。

6. 90后员工服务70后、80后，为他们提供内容产品及各种服务，存在着年龄层的错位。互联网行业是属于年轻人的，那种随时随地在“工作”的状态，那种日夜不分、工作与休息不分、几乎没有多少属于自己独立时间的情形，非年轻体壮者，不可长期胜任。但从业者与服务对象之间的“错层”，在互联网创业界是一种普遍存在的客观现象。为将这种因“错位”带来的不利影响减少到最低限度，适当引进70后、80后，乃至极富经验的60后，是非常必要的，有利于事业的发展。

出版的“代理”与“管理”

前不久，就某一作者委托版权代理一事与一书业朋友聊天，在交谈中，他冷不丁地说出他们目前在做作者的版权“管理”尝试。这触发了我的神经。朋友年轻有为，很有锐气。他曾在书业两大著名公司（新经典公司和磨铁公司）效力，先后发掘了不少后起之秀，在业界声名鹊起。在2013年首届“中国好编辑”颁奖典礼上，他主持了编辑论坛的上半场，给我留下了深刻印象。

说到对作者的“管理”，其实早有体制外的出版公司捷足先登了。

在业界，“果麦文化”为人们所熟知，在这家往年并不低调的公司里，潜伏着数个具有市场轰动效应的“大佬级”作者，如早先时候的韩寒、安妮宝贝等。前几年，果麦又将易中天收入囊中。从“签下”这些作者的时候起，公司便开始了对作品及作家品牌的塑造与“管理”，也开始了对作品版权的全方位运营。从版权输出到作品改编（韩寒打入电影圈），再到市场营销，“管理方”与“被管理方”配合默契，从而取得了稳定的预期效益。为取得更好的市场效果（符合双方利益），公司内部采用项目招标制。一个好的项目拿来后，竞标人必须对作品的属性、市场的定位、营销的策略，甚至作者的个性、喜好、志趣等，均了如指掌。公司领导在竞标人的各自系统陈述之后，最终择优而用。胜出的竞标人便拥有了自组团队、动用公司优质资源运作的权益。竞争下的责、权、利结合及资源配置的优化，极大地调动了员工的积极性，也激发了员工的创新能力。符合市场机制的高效率，也赢得作者的信任。这些年来，这家公司的大佬级作者队伍极其稳固，力量还在不断壮大。著名年轻翻译家李继宏也加入了这个团队，其“李继宏翻译作品系列”（一二十种），赢得众多读者的喜爱。复旦大学著名古典文学教授骆玉明，也为公司奉献出优秀作品《诗里特别有禅》。由于公司运作的高效率与市场的成功（相比较同一作者的类似作品在其他出版社的命运），骆教授给予了极高的评价。

业界翘楚如今在尝试对作者的“管理”制——实际上也就是发达成熟的市场经济条件下的“经纪人”制，这可以说是一种进步。尽管这样的制度在西方发达国家已经有上百年的历史，但就是这样一种“进步”，也不是国内书业界普遍所认可并采用的。可以说，如今更多的出版机构与出版人（尤其是在体制内），甚至还没有这样的理念。他们仍在昔日的窠臼里挣扎，在蛮荒的原始田野里，刀耕火种。

对作者及其创作进行“管理”，体现了三个明显特征：

一是全方位。为了让作者竭尽全力进行创作，编辑与以往单一处理作者书稿的任务不同，几乎需要承担与作品版权及作者相关的所有事务。如：作品的编辑、加工、修订、出版，一般化与个性化的市场包装与宣传，多媒体条件下的不同出版形式的呈现，版权交流与输出，作品改编影视剧的繁琐事务，作者及其作品构成的特定品牌的打造及其运营，各类商务合作等等。既然是管理，就有一个成本和效率的问题，这对编辑提出了更高的要求。

二是稳定性。作为建立在相互信任基础上的管理方（出版人）和被管理方（作者），一旦形成这种合作关系，便具有了相对的稳定性。这种稳定性符合双方的利益，减少了过去合作的不确定性所带来的种种弊端，比如，出版方基于某种顾虑不肯在作者方投入更多的资源，这便不利于某一出版品牌的培育与打造。作者方也是见异思迁，身在曹营心在汉，谁给的版税高就将书稿托付谁，这往往会丧失与出版人深入沟通交流乃至合作的机会，也不便于自己将来更好的成长。合作的长期性、稳定性，便于双方磨合，知己知彼，有利于在市场上取得成功。

三是双赢。在以往的实践中，出版方往往处于弱势地位。一旦挖掘、发现某一好作者或将某一作者培养成熟，他就可能被“高价”挖走，“远走高飞”。由于付出与回报不成比例，出版方也就没有动力去做这些事了。而长期性、稳定性、全方位的合作关系，便于出版方精益求精、深耕细作某一有前途的作者及其作品，也会获得更多的收益。

“管理制”“经纪人制”是充分发达的市场经济制度的产物，也为出版人（编辑）提供了更大的发展空间与利益保障。在传统社会，编辑一盏枯灯，几份黄卷，审读稿件，翻阅资料，穷经皓首，只为解开一个句点或索引上的疑惑，一旦查漏补缺胜过一般人，便得了一个“知识渊博、功底厚实”的美誉，也就成为编辑人中的佼佼者。而编辑人的价值很大一部分也便体现在这里。一部皇皇大著的诞生，一个学界泰斗的横空出世，往往倾尽了编辑人的心血，“为别人做嫁衣”的美誉也便如期而至。如今的市场经济条件为编辑人、出版人实现自己的人生价值，提供了更广阔的舞台。随着管理制、经纪人制的诞生与发展，出版人就不仅仅“为别人做嫁衣”了，在成功的道路上他们可以更加挥洒自如，像千百种其他职业一样，他们同样可以分享成功的喜悦与收获。

提炼与拓展

出版的经纪人制度，在中国尚未完全建立起来，反映了中国的出版市场还未成熟。“管理”制下的经纪人，不是简单地代理当事人处理版权事宜，甚至还是当事人（作者）从事创作、作品营销的切实顾问，有时甚至还充当当事人生活事务的管家。社会诚信制度的完善及出版行业职业经理人的大量涌现，是出版经纪人制度正式确立的关键所在。

〇 一朵玫瑰与编辑之痛

一枚刺下必有一朵玫瑰花

记得十几年前的一个天寒地冻朔风凛冽的夜晚，我浑身打着颤抖钻出北京的地铁口，在灯火凄迷的北京街巷穿梭。一到北京，我就给吴思打电话，说要前来拜访。“明晚请你吃北京烤鸭。”电话那头的他似乎有些激动，他像是要为举行某种仪式似的才对我说了这句话。尽管来北京已不是第一次，但那种平和语气中透出的一份虔诚，触动了我。记得请我吃老北京正宗烤鸭的，吴思还是第一人。

踏着几分陌生又几分熟悉的城市霓虹，我走进一家老北京烤鸭店。我在店里逡巡了半天，才终于在一个不起眼的角落里，找见了吴思。他先是从座位上站起来，伸出手来迎接我；接着，脱下厚厚的棉衣，放在座椅上——正式的晚餐“仪式”由此开始。这是我跟吴思的第一次见面，尽管这之前在上海我跟他已经通过好多次电话与书信，俨然已是“熟人”和朋友。记得那时的吴思，50岁还不到，面目清癯，说话语气极其平和，思路也极其清晰，言谈优雅稳重又不失几分调侃。只见他鬓角处略见些许白发，但精神极好。他的穿着极其朴素，乍看一件灰色的棉外衣罩着，倒像是一位普通的工人。言谈中，我更加详细地了解了吴思坎坷的人生经历。上山下乡那会儿，他当过大队党支部书记，整天拿着“红宝书”做指路明灯，用《毛主席语录》的每一条指导自己的工作实践。恢复高考后，他响应当年毛主席的号召，仍然坚持扎根农村，继续奉献火红的青春。他是最后一个参加高考离开农村的。当年他的高考成绩相当优秀，远远超过了北大的录取线。但他仍然一心向着“红太阳”，终于投奔到有着红色背景的人大中文系。毕业后到《农民日报》当调查记者，下乡体验生活。深入底层后，他对一些问题迷惑不解：为何红头文件下发后，无人真的去执行，连领导说的和实际做的也不一致？对这些问题的深入研究和思考，奠定了日后“潜规则”概念形成的基础。再后来，他就辞职，炒股票，编杂志，出书。

谈起他的书，他说他不久前出版的一本《陈永贵》，遭受了一场官司，尽管从法律上说并无过错，但限于当时的舆论、政治环境，他还是被判败诉，也赔了好几万元钱。接下来的《潜规则》，出版不久就被禁止发行。说起这些事时，吴思语气依旧平缓，没有半句不平激愤之词。说起《潜规则》一书，我们还一起回忆了成书之初的情景。当初吴思是在朋友梁晓燕女士的帮助之下，才有了创作有关“中国历史”系列的冲动与计划，并一步步予以实现。而且他每写成一篇都先在《上海文学》上发表。当初我就是在《上海文学》上先后读到他的《身怀利器》《当贪官的理由》等名篇，然后立即找到他的，我希望他将这组文章继续写下去，以至最终出版。当时吴思对我说，等这组文章写完了构成一部书稿时，如果梁晓燕无意拿去出版，就给我（但最终还是梁晓燕拿去云南出版，出版不久就遭到封杀）。从此，我就与吴思建立起密切联系，十几年都没有中断。其间只要我去北京，必去看他，总要一起吃饭聊天，而且地点固定，总在他住家附近的九龙豆花庄。

对那次见吴思，我记忆犹新。吴思当时的处境在我看来并不好。尽管他没有在我面前有任何抱怨，但我能感觉到，对于一位编辑对他的理解与支持，他的内心是有些温暖的——尽管我的这份因“执着”而带来的温暖微乎其微，甚至可以忽略不计。

十年短暂一瞬，但我和吴思的交情已经很深厚了，我们似乎已到了无话不谈的地步。但就在几年前发生的一件事，让当时的我很“受伤”。

《潜规则》2009年经我编辑，修订再版如期推进。但就在封面设计最后关头，吴思和我“翻了脸”。起初，我每让美编设计一个方案都要发给吴思看。最后在众多方案中，吴思挑中了一种，他说还要在此基础上进行修改。几个回合过去了，美编也被吴思提出的多次修改意见弄得有点不耐烦。再加上出版社那边发行已将出版发货日期告知了多家批发零售渠道，因此对书的进展逼得很紧。在多方夹击下，我原以为最后一稿已经得到（或接近）作者的认可，遂将最后一稿径送社长签字。签完字，我也深深舒了一口气，下班回家。正在我准备好好安心吃一顿饭，然后安安稳稳睡一觉的时候，一个“不友好”的电话，让我推下刚拿上手的饭碗。吴思似乎料到了结局，狠狠地甩下一句话：封面你若坚持那样就好，我们法庭上见！后又补充一句：我可不希望那样！他说得那样坚决，句句掷地有声。听到这些，我如雷轰顶，浑身的委屈酸楚像着了魔似的决堤而出。为编一本书辛辛苦苦鞍前马后，虽谈不上废寝忘食呕心沥血，也算兢兢业业勤勤恳恳，到头来竟要被一个交情深厚的作者“好朋友”告上法庭！那次，我足足呆站了好几分钟才缓过神来。估计那边也消了一时“怒火”，吴思又打来一个电话：反正明后天双休日你们也做不了事，我打算花两天的时间找人重新设计封面，下周一一上班准时交给你们新的封面，不会耽误你们的事情。他还补充道：这个设计费由我来付。既然这样，我还能说什么呢?！我只说了一句：好的，设计费不用你出，还是出版社来支付吧。

后来，吴思果然准时交来了他的新设计方案。书终于如期出版，封面装帧别出心裁，效果确实不错。据说，他那两天休息日，一直坐在一家设计公司里就没出来过。

《潜规则》修订再版不久，便迅速登上各大畅销书排行榜，吴思也再次引起公众关注。几年又过去了，我和吴思的交情又更深了一层。随着我们交往的深入，我愈加发现他是一个纯粹甚至有些可爱的读书人，随和，仁慈，宽厚，低调内敛，谦谦君子，坦坦荡荡，学问好，修养深，善思，执着，爱寻根究底，喜发明新概念新词汇。至于那次“不和谐”，已在我的心灵深处留下温柔的烙印，它依旧是那样突兀鲜明，像是长在一棵玫瑰树上的刺，总让我想起有一朵鲜艳芬芳的玫瑰花，透过它，我总能闻见大片大片的浓郁香气，因此心灵倍加温暖。

（本文发表于《中国传媒商报》2013年11月23日）

提炼与拓展

1. 我的评判标准是：一个好的学者或作者，身上多少都保存着一份“纯粹”，正如本文所写的作者。除此之外，我还接触了一些好的学者（作者），他们身上都有一种独特的气质，如易中天的“义气”、鲍鹏山的“锐气”、梁衡的“大气”，等等。
2. 编辑与人打交道很频繁，因职业之便会接触到各色人等，但大多为学者或作家。倘能遇到自己喜欢又能被对方接纳、最终成为朋友的作者，那是人生中的万幸。所以，我们要利用这种职业之便，享受人生的美好赐予。
3. 一个好的作者，是朋友也是良师。通过他们，你可以打开另一个世界，领略其中异样的丰富与精彩，编辑的人生也会变得愈加丰富与厚实。

纯粹之苦，纯粹之趣

做编辑这一行做着做着就十几年过去了。有人说，做编辑就是为别人做嫁衣，这话没错。特别是当台前的作者及其著作大行其道，被读者一片叫好的时候；当别人踏着你编的书登上人生更高的阶梯而你依然在“原地”踏步的时候，那个躲在光影背后的编辑，那个依然在“嫁衣工厂”门外守望的编辑，相形之下是落寞的，至少他的客观存在是如此光景。

但我以为，三百六十行中的编辑这一行，它所承载的人生酸甜苦乐，并不比别的行业多一分，也不比别的行业少一分。从某种意义上说，上帝对每一种行业的从业者乃至每一个人来说，都是公允的。

编辑的苦衷、郁闷以及乐趣，来源于纯粹、本然，乃至性情所致。

最近因策划编辑易中天先生的语录体著作《易家之言》，而与易先生结下“不解之缘”。易先生名声在外，江湖地位显赫。就一直以来网络多媒体形势下的阅读与写作，我们达成共识。“微阅读”概念一经我提出，就得到他的响应。

记得第一次给他发去消息不久，他就打来电话问我的具体想法。为此，我深受鼓舞。因为，我认为，易先生著作虽然不少，但如果一本最能反映他一贯“言辞犀利、俏皮”鲜明个性及风格的作品问世，那将是一件多么好的“创举”！至此，整理、撰写、编辑他的语录体著作《易家之言》就被提上议事日程。看似简单的一件事，看似平常的一本书，其过程并不简单。我们之间有探讨，有商议，有摩擦，甚至有争执。但这些过后再来看，都显得极其“纯粹”，直截了当。

易先生做事极其认真，不但对所承诺的事极其负责，而且对待任何一个细节也不会轻易放过，总是一以贯之，一丝不苟。比如，对待版式设计、字体选择、字号大小，封面设计、工艺运用，插画风格、排版要求、开本形式、印装效果等等，我的每一个提议他都会在认真考虑后予以答复。同意的认可的，他回复：可以。反复斟酌之后，不同意不认可的回复：不行。就拿封面设计方案来说吧。最初我让美编根据我对本书定位的要求设计了几个方案，然后再挑选其中的一种进行加工，之后，我将打印稿快递给他征求意见。结果临近午夜时分，他打来电话予以彻底否定，并说出如下几点理由：（1）此设计者简直不懂设计原理，哪有一个封面书名字体（注：本书的一句广告语也紧贴书名排列，他说的书名文字也包括这句广告语）采用三四种文字的？！他随后搬来美国某营销学之父某著作某某页所说的品牌识别原理加以佐证。（2）印章（注：设计者别出心裁将作者署名以一枚印章的形式呈现）文字排序应是从右而左，哪有从左而右的？此印章设计不伦不类，去掉。（3）我一看到那几个圆圈（注：为了突出广告语中的关键词，我让设计者在那几个关键词上涂上圆圈），就觉得刺眼……在说出几点理由后，易先生对这个封面设计得出结论：这个设计者“很愚蠢”，不懂设计。

听了易先生一席话，我内心深处不但感觉到这几天的努力“白费”了，还有一丝“被骂”的委屈。他虽然是在说“设计者”愚蠢，但设计者毕竟是作为本书责任编辑的我找来的，而且他设计的初稿也是经过我及我的同事的修改与认可的，他明说设计者愚蠢，暗地不就是说我愚蠢吗！再联想到聪明如易先生者（易先生相对我辈确实是一位智者）也曾多次说过的一句话：这个世界上，最不可容忍与原谅的就是“愚蠢”，那个晚上我睡得不太好。

当然，我的“纯粹”也曾惹恼了易先生。关于要不要为《易家之言》加个副书名的问题，我多次跟易先生交流。我起先坚持要加上副书名“易中天妙语录”，易先生斟酌后给出意见：蛇足，不加。但不知怎么的神经搭错，过了几天我又短信提出要加这个副书名。易先生大光其火，回复道：看来你是爱死了那个副书名了！你要坚持加上就加上吧，那就当我没出过这么一本书。反正我一看到那行字（指副书名），就明白狗熊是怎么死的！呵呵，你能看出易先生的恼怒已经被我的愚蠢激发到何等程度了吧？！你也能看到我在易先生眼里的“愚蠢度”已达到何等级别了吧？！

记得关于本书开本和定价的问题，我也同易先生认真交流过。某晚，我在报上看到一则书业消息并深受启发，于是便在午夜时分，给易先生发去一条短信，大谈我的“洞见”，并想以此影响他进而把开本和定价的事给敲定下来。我信心百倍、神气十足地发过去，没过一会儿就等来了易先生的一条回复：我刚睡着，就被你吵醒了。有什么事情明天再说不行吗？看到这条回复，我却不以为然。由于当时被一种莫名的兴奋和自信加冲动裹挟着，我又“不顾一切”地连发两条“骚扰信”过去，心里还嘀咕道：你怕吵你睡觉，为何在睡前不关掉你的手机呢！

那个晚上我好像睡得不错，原因就在于我的一种莫名的、纯粹的、骚扰的冲动，以及易先生被骚扰之后的那种纯粹甚至天真的懊恼。

（本文于2013年1月10日发表于“百道网·李又顺专栏”）

附：给易中天的信

易老师：

经过半年多的努力，首先整理完毕并寄来的是五卷本书稿，请您一一过目。以下几个问题，有必要向您做个交代：

1. 关于丛书名。我认为取“易中天微历史系列读本”比较好。一则因为易老师著述的核心还是在“历史及传统”；二则因为“微历史”之“微”，适合现代普通读者的轻阅读、快阅读习惯；三则阅读的随机性强，可随时、随地、随便从哪开始，都能立即进入阅读状态；四则“微”可最大限度地凸显易老师言谈举止一以贯之的精辟、俏皮与机锋。微历史系列读者面很广，可以是成人读者，也可以是青少年读者。我们打算全面宣传推广，可能更加把主攻方向定位在青少年读者群，以开拓这片“处女地”。

2. 五卷本各卷都有一个侧重点或主题，根据这些主题将散落在十几卷本文集中的精彩言论一一网罗起来。记得4月在上海见面的时候，和易老师有个交谈。但考虑到实际操作，每本书只能有一个大的方向和主题。先将每卷的主题一一说明如下：

A卷（第一卷）侧重于历史知识和历史常识，突出“知识的另类表述”和“常识的另类解读”；

B卷（第二卷）侧重于历史人物和历史典故，以突出“故事性”及历史的鲜活感与趣味性；

C卷（第三卷）侧重于世故人情及处世之道；

D卷（第四卷）侧重于政治文化、官场文化；

E卷（第五卷）侧重于学术、思想、言论及知识分子话题。

每卷在编排过程中，有的尽量按照历史演进的前后大致顺序编排，以让读者对历史有一个完整的认识；有的根据主题相对集中编排，以便于读者对某一问题集中透视。另外，每卷还编排了目录，试图通过目录的内容选择彰显每本书的主题及风格。每本书的内容一般分为四个部分，也有五个部分的。此外，关于插配漫画以及开本选择、定价等，我之前已通过短信跟您做过交流。

3. 从您的文集中共择取近2500段文字，为了编排的方便，每段文字前都设有一个代码。一段时间以来，我将主要精力都放在了各卷主题的确定及内容的选择、编排上了，甚至几次三番变换内容的前后顺序以及修改每段文字的标题。目前来看，我对自己的工作还不是很满意。也请易老师多给予批评与帮助。我一直敬佩易老师一贯所具有的化腐朽为神奇之功力。

4. 五卷本中有厚有薄，篇幅可略作调整，厚的部分可做点删减，删减的部分还可留作下一部书稿再用；内容前后也许有个别重复的地方，文字在多次的修改和调整中也可能有些差错，但这没关系，寄给您的书稿还仅仅是初稿，在得到您的确认以后，我将认真地再看一遍文字，之后还有二审三审的程序要走，一些差错和谬误都会被解决的，这请您放心。

5. 我将着手版式设计和封面设计的事情。每一个进程，我都将会听取您的宝贵意见。

6. 每本书还得请您写个序言之类，每本书名我将认真考虑，一旦成熟，即发您再商定。

7. 出版的时间问题。我的想法是在上海书展期间先推出这五本（至少三本），也恳请易老师能来书展捧场。如果在8月还不能出版，我今年的考核任务就完不成了，也请易老师多体谅。

提炼与拓展

1. 前几年出了一本易中天的“语录体”著作《易家之言》，至今仍感到遗憾。从编辑角度来看，尽管销售2万册（离当初申报选题预设目标甚远），但它可以说是一个失败的案例。
2. 策划易中天语录的出版，是受余秋雨语录体著作出版并受到追捧的启示。为说服当时“如日中天”的易中天先生答应我的要求，我向他详细说了余秋雨此类著作的市场反应（销路极好）。不甘示弱的易先生，爽快地答应了，并约我见面详谈。
3. 余秋雨的语录体著作是一本比较厚实的书，每录一段精辟的语段，都会在后文阐释、展开，有历史，有典故，可读性强，每段独立成篇。虽是余秋雨曾经说过的话，仅是从某著作里录来，但更是一种新的创造，这样的书读者买账。
4. 易中天先生历史普及著作不少，有的写得确实不错，受到无数读者的喜爱。尤其是评人论世的精彩语段很多，散落在不同的著作里。经易先生同意，我花了近3个月时间，阅读了易先生几乎所有的著作，将那些精彩语段一一从各种著作里拣取出来（约2500段长短不一的语段），并分门别类进行编辑。这是工作的第一步。

5. 我将整理、分类好的五本厚厚的打印稿呈给易先生看，并打算推进下一步工作。不料，易先生说：你下不了手（意思是多了），我来删改。后来，易先生将确定的稿子发给我，我呆住了。经他筛选删减与“再创造”，仅剩下数十条“语录”——每条仅一两句话，短的仅十几个字。这真的是“语录”了，和我当初设定的“语段”大相径庭。这怎么能出书呢？！
6. 后经过沟通明白，在易先生看来，“语录”就应该是这样的！例如，毛主席语录……
7. 无奈，我只能找人配些插画了，否则，区区几十条这样的“语录”，怎么出书呢？
8. 从易先生高度抽象、概括出的，真的是“浓缩”了人生精华的语录里，可以看出他的用心。但这些读者买账吗？！
9. 或许这每一句短小精悍的“语录”里，确实藏着人生的大智慧、大体验，但能够完全领悟、感受其中“微言大义”的人，又能有多少呢？何况有的体验也只能属于易先生和他的同龄人……

附一 《易家之言》简介：

学者易中天个性鲜明，向来以说话俏皮、幽默，言辞犀利、智慧著称。在这本语录体著作《易家之言》里，文字虽简练，体量不大，但所涉话题却涵盖了阅世、做人、道德、教育、观念、制度、历史、思想、言论、方法等十个方面，可谓言简意赅，博大精深，浓缩了作者为人处世与学术研究的精华。

在谈人生时，作者由衷地说："人生只有两种：要么走自己的路，让别人去说；要么走别人的路，而要说的就只有自己了"，"败不败在自己，胜不胜在敌人。谁犯错误谁失败，所有人都是被自己打败的"。在谈到做人时，作者感喟："人不可有傲气，但不可无傲骨。有傲气则骄，无傲骨则媚。"在谈到教育时，作者告诫做家长的不要"望子成龙"，而要"望子成人"，"成人"比"成功"重要；作者认为把老师叫作"园丁"，就是不把学生当人。"人才不是社会把他毁掉的，而是自己把自己毁掉"。在谈到"官本位"的社会痼疾时，作者一针见血："长官的牛皮哄哄，是被惯出来的"，"一个人的忍是手榴弹，十亿人的忍就是原子弹"。

在谈到读书时，作者则态度鲜明："天底下没什么'必读书'，读书如恋爱，是每个人自己的事。"

易先生认为"民主""法治""自由""权利"是建设现代公民社会的基本条件。为此，他全面清理、鞭挞与专制制度紧密相连的、惯于充当皇家夜壶的“文人”形象，指出其奴化、媚骨为现代社会所不容，“媚，可以对女人，不可对强权”。

正如《易家之言》封面语所言：易中天的犀利、俏皮、智慧、风骨，全在这些精辟洗练的文字之间。

附二：易中天语录（当初）编辑构想

相较名人皇皇著述的大餐，语录式著作可谓是一道小菜。小菜自有小菜的风味与别致。大餐不可随时随地吃，而小菜取拿自由，携带方便，可由心境而定，随时随地独自品味。

语录一般摘取散落在作者著述或演讲、即兴发言、微博、博客中的精彩片段与论述，是作者思考和智慧的结晶。与其说是语录，不如说是一一拾捡与收藏作者博大精神世界海洋之海岸线上散落的珍奇海贝与晶莹珍珠。可以说，它从一个侧面呈现作者思想所涉及的广度与所达到的深度。

收藏著述丰厚的作家、学者的十几部甚至几十部文存，对一部分喜爱作者的读者来说，可能不太现实。但收藏几部装帧别致精美，印刷考究，无论从内容上还是从形式上来说都品位高雅的作者的精妙言论、语录，应是他们所乐意做的事。

给龙应台的信

尊敬的龙应台女士：

您好。我是上海复旦大学出版社编辑李又顺，能与您联系，深感荣幸！

记得刚做编辑那会儿，也就是十年前，我就很喜欢阅读您的文字。当时就萌发一种冲动，要找您的下落，以便向您约稿。当时我还在另一家出版社。后来因没能打听到您的确切地址，这一想法没能实现。前不久我还跟同事开玩笑，若十年前我能跟龙应台先生联系上，并跟她保持交往，也许刚在大陆推出不久的《目送》等佳作的责任编辑就不是别人，而是我了！（有点自不量力了）

这次承蒙广东花城出版社林贤治先生的热情相助，才得到您的信箱。林贤治先生是我多年的作者和老友，听他说您在大陆出版的第一本著作《美丽的权利》也曾经他的企划和运作。此次上海《文学报》主办的“在场写作”活动，我得知你们二位同时获奖，真是从内心为你们感到高兴！

上次去海德堡，还想起多年以前您的佳作《在海德堡坠入情网》呢。从事编辑多年来，我一直关注着您的写作及著作的出版，您的文字我也收藏不少。只要一得知您新作出版的消息，我便立即购买来细读。您的文字一直为我所钟爱，不过在大陆钟爱您文字的读者会有很多很多，但作为一名编辑，若能亲手编辑有关您的文字，那真是上帝所赐的一份厚爱了！

现在正有这样的机会！去年我编辑了吴思先生的《潜规则——中国历史中的真实游戏》修订版，现正打算策划、编辑包括吴思先生的访谈录（或叫谈话录）在内的一套小丛书，丛书中的每一本主要内容是：将作家、学者近年来接受媒体采访的内容、演讲、书信等带有鲜明个性色彩的感性文字收集起来编辑成书，好让读者对作家、学者生活的变迁和思想、情感发展的脉络有一个清晰的认识。小丛书考虑暂收入吴思、林贤治和您各一本，每本约10万字，出版时间为2011年3月。

此举若能得到您的鼎力相助，我将感激不尽！

顺祝冬安。

提炼与拓展

1. 自从早年读过《野火集》，就知道了龙应台。思想性极强，文句极佳。它总能让你的灵魂产生震慑，一湾死水被狠狠地搅动。

2. 做编辑时就想过要找到她，但出于远远的敬畏，未能行动。直到与林贤治先生成为莫逆之交，才从他那里得知她在香港的邮箱及电话。龙女士当时在香港中文大学任教，且有固定的办公室。在我发去约稿信不久，她的助手便很快回信，但因某些不可抗拒的原因，事情最终搁浅。

3. 林先生与龙女士早有合作之缘，在名噪一时的第一届“在场主义散文奖”颁奖典礼上，林先生一举夺得大奖，而龙女士位列奖项第二名。记得当时林先生领取大奖奖金30万元时，激动地邀我们全家去广州“吃饭”。要知道这在当时是一笔巨款，可以买一套房子。当时茅盾文学奖的奖金只有5万元。林先生当之无愧，文笔、思想纯粹，皆一等上品，与龙女士一路。

4. 我给林先生出过不少书，如《鲁迅的最后十年》《沉思与反抗》等，但没能坚持出龙女士的书，实为遗憾。做编辑的，就要勇于为自己欣赏乃至景仰的作者出书，这也是一种编辑自我价值的体现——通过他们，体现自己的价值理念与主张。

5. 功利主义、娱乐至上的社会，精神沙漠化、思想边缘化且日渐枯竭的趋势令人担忧。但愿这只是一个特殊的历史阶段，过去之后，人们能够再回归思想与精神的殿堂。

编辑的开怀与舒心

做编辑纯属半路出家。之前做老师那会儿，期待着每天给学生上课，就像每一天都要赴一次心灵的朝圣之旅。做总经理办公室秘书那阵子，各色人等都对我露出“甜蜜的笑”，让我如沐春风。可当我明白那“甜蜜的笑”是冲着“总经理身边的人”来的时候，就很少笑了。做编辑以来，笑过几次，是开怀的笑、舒心的笑，每个细胞都开出一朵春天的花来——而这时候，一定是我编出一本实实在在的好书的时候。

莎士比亚在《哈姆雷特》里有一句经典台词：我身在胡桃壳里，却是无限的主人。当遭遇这句台词时，我眼前瞬间掠过一道闪电。经典意味着人生智慧的高度浓缩与结晶，此时，它正与我的人生经历及深刻体验产生激烈的撞击。

霍金在他的《果壳里的宇宙》里引用过这句话，想来这句经典台词对霍金一定产生了巨大的影响。我在想，也许正因为有了伟大的戏剧家莎士比亚，才造就了伟大的天文学家霍金。

可以说，我们每个人都处在不一样的“胡桃壳”里，被有形与无形的绳索所束系与局囿。循规蹈矩者只会在“胡桃壳”里寄居、日复一日，一生都不曾看到“胡桃壳”外面的精彩，而伟大如霍金者，就会勇于冲破“胡桃壳”坚硬的外层，到达外部自由而灿烂的世界。我们是不是每个人都要有点这种勇气呢？！

我的小学、初中时代，适逢“文革”后期，除了几本枯燥无趣的教材，几乎无书可读。若是运气好能翻看到几本图文并茂的“小人书”，那简直就是天大的惊喜，比吃上一顿肉还高兴（那时候只能在逢年过节时分凭票购买少许猪肉）。可见，单纯、思无邪的少年时代，对“精神食粮”是多么地渴求。而我最难忘的一次阅读经历也正发生在初中时代。

闹书荒的年代，一书难求，踪迹难觅，更遑论在远离文化中心的乡村田野与一本好书相遇。而我也就在这样的时候遇上了一本“好书”。记得一个很偶然的机会从同伴那里得到一本马烽、西戎著的长篇小说《吕梁英雄传》，欣喜若狂，如获至宝。记得那是一个星期天，天气阴沉。我吃好早饭就捧读起来，渐被书中吕梁山地区的人民与日寇斗智斗勇的英勇事迹所感染、吸引。小说故事情节更是跌宕起伏、引人入胜，让对外面的世界充满好奇与强烈求知欲的我欲罢不能。不知不觉间，已到黄昏点灯时分，我终于酣畅淋漓地读完了整部小说。其间不知道妈妈催我吃饭几次了，我都置之脑外。

那次阅读的经历在少年的我的心中留下了深深的印痕。时间长了，书中的故事虽已淡忘，但那种专注及美好的阅读体验已悄悄地永驻在我的精神密码里，时刻温存着我，照亮着我，乃至成为我精神成长的一座不可磨灭的华丽驿站。每每回望，都让我回味无限，幸福无比，枯竭的灵魂瞬间溢满清冽的甘泉。

今天，我最想推荐的一本书是鲍鹏山所著《寂寞圣哲》（第二版，精装）。著名学者鲍鹏山凭借这本闪着思想光芒与卓越文采的处女作、代表作，为众读者所熟悉、仰慕。本书借对诸子百家及其思想的重新解读，对中国传统文化的根源进行了一次系统而深刻的梳理与反思，充满了浓郁的人文主义色彩与博大的济世情怀。这在物质主义、个人主义日益膨胀、泛滥的今天，尤其显得珍贵。

本书初版至今已近二十年，但仍一版再版、常销不衰，堪称时代精品力作。

（本文应百道网之约，谈一点体会及推荐一本书，是为“命题作文”。2018年4月24日发表于百道网）

提炼与拓展

1. 我的童年是一个闹书荒的时代，求知欲旺盛，但没有书可读。偶然获得一本书，就像金子一样宝贵。这倒是带来一个好处，那就是对有幸读到的书，印象深刻。就像偶尔吃到一次肉，回味起来，滋味无边。

2. 童年读到的书最多的还是小人书。因酷爱至极不能释手，便冒着风险从镇上亲戚家“偷来”（其实是带回家）一本《鸡毛信》，放羊娃那种冒着生命危险，在敌人眼皮底下将情报塞进羊的屁股、机智地传递出去的惊险情节与场面，让我田野一般宁静、湖水一般沉默的童年时光，多了几许快乐的激荡。

3. 有人从心理学角度这样说，美好的童年治愈一生，不幸的童年，则需要一生来治愈。我庆幸在我的童年时光还读到过几本书，哪怕是小人书。每每回味起来，像是又开启了多年前埋在后花园里的秘密宝物。

编辑之痛种种

编辑的痛苦有多种：当你鼓起十二分的勇气，调动所有的脑细胞，使出每一个毛孔里储存的干劲，向某名家约稿却无功而返时；当书稿散发着神秘幽香脱胎而出，你竟第一时间发现封面上有个刺眼的错别字赫然挑衅你的神经时；当你辛勤编稿、运筹帷幄、全盘构思、节节把关却终究功亏一篑时；当你正准备与新书宝贝亲密接触窃窃私语，但还没来得及张开双臂紧紧拥抱，便从发行那边传来消息，此书大多待字闺中，愿来相亲的客户寂寂寥寥……痛苦中的你，感到无助，甚至感到人世的苍凉与悲壮。

然尤其让你感到愧悔与苦痛的还有另一种情形。那就是当你得知与你相识相交数十载的作者“老朋友”（你已给他出版过著作，甚至还不止一种）在某个时刻不经意间亮出他手中还散着墨香、新近在其他出版社出版的大作，活色生香地摆在你的面前时，作者那种满溢的神情自得的仪态，那种不说自明、不证自清的孰优孰劣孰高孰下便在一刹那间泾渭分明，真让你有种想钻地缝之感。这时你会从内心深处由衷地慨叹甚至想“骂”一句：这书做得可××真好啊！同样是编辑，我为什么就不能把书做得这样完美呢？！

近日与老友作者鲍鹏山相晤，他脚步轻盈、神色明亮地从他的书橱里拿出一本由中国青年出版社出版的《孔子传》签名送我。从他签名的憨然一笑和龙蛇飞舞的狂草中，我看到了他对这本书的出版者及责任编辑的信任与肯定。这本《孔子传》确实非同一般，从形式上看，封面是硬壳的精装，厚实也扎实，所选材料上乘。布面上大大而古雅的“孔子传”三个字亦正亦邪，极其优雅流畅地镶嵌在具有现代质感的白色背景里，让人感到一种澄澈的明朗和静默，似乎隐隐透出沉埋千古酿造而成的精神的芬芳。翻开扉页，一行行清秀的小楷错落有致，清清雅雅、疏疏密密，随意而又恰到好处地插在绵纸的身段上，像是柔美的清纯女子结伴而行，娇兔一般穿行在空旷幽绿的树林间。更让人感到惊喜的是，十几页面的四色插画，让读者感到心有所养、物有所值。这十几页的插画来历可不一般。它们是由中国孔子基金会赞助提供的，是由他们从日本高价购得的，插画作者是一位明朝的画家，他根据《论语》中描绘的情景，一一勾画描摹，将孔子和弟子们的日常生活表现得极有生趣。圣贤们的时代风貌也跃然纸上。而这些插画也是第一次面世发表。再看内文版式，文字之间谦和大方，不疏不密，俨然合中庸之道。字体的选择也是散逸飘柔，一如孔子和他的弟子沐浴而归、乘风而行。标题一破以往横排的积习，竖排但不直楞，也显出大度的从容。整个内文版式给人以和谐逸美之感，让人赏心悦目。再看内容。作者经过文字的洗礼，经过《百家讲坛》的历练，笔法与笔调已然炉火纯青，他知道怎样以“讲故事”的方式来谈自己的学问，知道怎样讲故事才能更好地传播思想与文明。作者一以贯之的优美文字，有时不乏诙谐幽默。有趣而畅然通达的表述，真正做到了老少咸宜，童叟无欺，读者面确保着销量。作者告诉我，这本书于2013年1月出版，首印10000册，在一月内已发售一空，正在准备加印。据悉，有读者在看到这本书后，对高达56元的定价，大感物有所值，物超所值。综览这些顿让我产生“此曲只应天上有，人间能得几回闻”的心绪，也让我对这本书的出版者和编辑产生“羡慕嫉妒恨”呢！

当你已为某作者编了几本书，而且市场反响还不错，你也自认为与作者的关系维护得不错，可是突然某一天这位作者对你宣布一个秘密：某某编辑已将我的新书签走，是首印20万册。她还一再强调，是20万，不是2万（她反复强调2万，是有所指，我编她的书2年也就卖2万册）！听到这样的消息，作为编辑的你，除了内心有一瓶高浓度的醋轰然被打翻外，你还能有啥感觉呢！

安波舜是潜伏在出版界的一只大鳄。他多年前以成功策划“布老虎丛书”而一举成名。之后他抓住了出版业改革的最初机遇而登陆北京。北京是中国的政治文化中心，也是各类出版资源的集聚地和发散地。到北京后，他更加如鱼得水，畅游在那块水草肥美、物产富饶的出版之都。早年他成功策划《狼图腾》，其惊人销量加上版权已出售到几十个国家，让出版界为之震动。后来他又策划出版著名主持人白岩松的《痛并快乐着》，又创造出一个畅销神话。而且“痛并快乐着”这种句式一时像洪水一样蔓延到街头巷尾，成为人们的口头禅。紧接着他又推出作者的又一部著作《你幸福了吗？》。从此，“你幸福了吗？”也像病毒一样侵入大众的神经，大有取代中国人最惯常的问候语“你吃饭了吗？”之势。可见，一个优秀的作者总能把握时代的脉搏并与其一起跳动，从而赢得大众的喜爱。同样，一个优秀的编辑，也只有与时代共舞，才能在职业生涯中闪耀出夺目的光辉。

前不久，安波舜带着他的职业辉煌，悄悄来到上海，悄悄在偏于一隅的崇明岛的一家五星级度假酒店住下，而且一住就是整整十天。他这次来可不是休闲度假的，而是要“亲密接触”一位在他看来是很难得的女作者——潘肖珏。潘肖珏早年生了两场大病，而且都是要命的不治之症，一是乳腺癌晚期，一是股骨头坏死，曾经在鬼门关走了一遭。在人生的低谷，还遭遇两场不幸的婚姻。因为她的超人毅力和超凡经历，因为她的大学教授身份，因为她好的文笔和善于讲故事的能力，更因为她靠自己的聪明才智在艰难困苦中独自摸索出一套“降魔捉怪”的方法，最终战胜了病魔和人生的大不幸，她将自己曲折的人生故事与充满悲壮色彩的“一个女人的奋斗史”写在两本书里——安波舜才经过仔细考虑与认真安排，不远几千公里，从北国之都飞到江南的这个相对偏僻的岛上，寻找这位正在岛上修身养性并兼讲学的潘肖珏。他在认真阅读由我担任第一编辑的《我们该把自己交给谁》《人天合一 自然养生——潘肖珏微表达》（这两本书在两三年的时间里各销售了一两万册，其间作者自己通过演讲签售销了近半）之后，对潘肖珏提出了自己的编辑思路和策划设想，他还为书里面理应展开而没有展开深入的诸多细节（在他看来，正是这些细节和曲折的故事才能打动更多读者，才构成这本书的独特魅力与核心价值）感到遗憾。他还一再鼓励作者，已具备超级畅销书作家的素质。在安波舜的鼓动下，潘肖珏焕发出从没有过的写作热情，释放出巨大的创作潜力。当满意的样稿出炉后，出版人安波舜便结束了十天的特殊旅程，快意地带走了一份20万册首印量的“大合同”。

当你还沉浸在为某重量级作者新近编的一本书的幸福里的时候，却不知一个更大的“隐痛”像一枚在大海里以千里时速疾驰的鱼雷向你的幸福之舟悄悄靠近。

路金波是出版界的又一匹黑马。自从当成了韩寒的老板之后，又网罗了一批畅销书新锐作家。最近，他又把另一位重量级的畅销书作者、某著名历史学教授“搞定”了，看似很轻巧地收入他的囊中。可以设想，在不远的将来，各大书店的显要位置，各大网店的主要页面，一套气势恢宏、语言诙谐、故事有趣、人物生动、历史鲜活的另类“中国通史”，将闪耀登场。得知这一消息，我不禁心头“荡漾”，一股羡慕嫉妒恨的逆流乘风而上。真是妙极了！我不觉赞叹不已，我为这个策划拍案叫绝！这位重量级的书界大佬，对中国文化已经烂熟于心，且平时说话风趣幽默，言辞极其犀利，每每打动读者总在不意之间。他在电视上开讲中国传统文化，每每妙语如珠，故事传神，不知赢得多少观众的喝彩。他的著作一度成为超级畅销书，在书展搞活动期间，如云的粉丝们把他围得水泄不通，现场居然要动用诸多警察保驾护航。这真是个好时机！无论从市场人气还是从作者的研究方向及出版著作来看，是该让作者再进一步“大显身手”的时候了！果子就应该在此时摘了，火候到了，时机也成熟了，而且如果一旦计划落实大功告成，这套大书可一直流传下去，畅销而且常销，可谓一劳永逸。你想，如果皇皇20部别样风采的“中国文明通史”一字排开，既有稳定可靠的学术根基和思想含量，又有通达诙谐的表达方式，加上具有现代感的装帧设计，那还不把读者给乐死！这样的作品你还担心它没有足够多的读者和市场旺盛的生命力吗？！当然，路金波与这位重量级作者的一拍即合，还可能有其他因素，比如，给作者起印数的期望值很高，足以符合这位大佬的预期。项目启动预支付的版税数额也有可能比较大，从而足以调动作者全身心投入创作之中。这样的“黄金搭档”委实让同样做编辑的我“羡慕嫉妒恨”，也就在不久前，我才刚跟这位大佬级的作者合作过，出了他的一本小书。

天底下的事总是因果相连，有其合理性与必然性。临渊羡鱼不如退而结网。我想，如果当初我作为编辑更用心一点，早点悟到网络时代的传统纸质出版的出路，就在于将有思想含量的作品做到位，做到精致，做到完美，做到无可挑剔，从而让读者从内容到形式看到它的真实分量与内在价值，一如《孔子传》那样，让内蕴的丰富思想穿上与之匹配的高洁礼装，让读者捧着它有如亲近一位卓尔不群、穿越千古的永恒高洁之士，那一定会被从善如流的读者倾囊争相购得，甚至收藏。这样的一本书已远远超出“书”的传统界定，而成为某种象征，成为砥砺与丰富人们精神世界的玉璞。如果做书能做到这种境界，且有较为畅通的发行渠道相配合，那么，身为“老朋友”的鲍鹏山还会将更好的书稿交予别人来做吗？如果我有足够的“资本”与强大的自信，有成功的运作模式并牢固地坚持下来，那个经历不凡故事、非凡而善于讲故事的“女强人”潘肖珏，还会一再在我跟前将“20万”与“2万”作如此的对比、强调吗？如果我有足够的条件撼动站在高山之巅的那位重量级作者，不失时机地有胆识地提出那样宏大的选题计划，并让他倾心投入，那就不会再有别的出版人的故事了。

（本文于2013年2月8日发表于“百道网·李又顺专栏”）

提炼与拓展

1. 编辑的“职业”痛苦很多，但很多都引而不发。本文为一时兴起之作，多有自责的成分，甚至有些“矫情”。因为很多事情不是一个“势单力薄”的编辑所能左右、把握的，而把问题都揽在（编辑）自己身上，“自责过头”，就是“矫情”了。我不知道这样是好还是不好，是“有必要”还是“无必要”。本书收进此篇，权当做凑字数、篇幅吧。
2. 本文所叙三位作者，都是出版人相中的优秀作者。鲍鹏山当年书生意气，笔耕不辍，但能首次成为一名“图书作者”，还是1999年我成功策划、编辑他的第一本大气恢宏的著作《寂寞圣哲》所致。该书一出版，就受到很多读者的青睐。思想的纯粹与深邃，理想的美好与炽烈，语言的俏皮与生动、流畅，很多读者纷纷将它收藏。后来我又把它变成学生读物，专门推荐给广大的中学师生。如今这本书已销售几十万册，已然成为常销书中的畅销书。十几年来，《寂寞圣哲》在图书市场已然成为一个响当当的品牌，近期教育部还将这部著作与诸多古今中外、经过实践检验的经典作品并列在一起，趁全国统编语文教材推广使用之机，推荐给众多学生阅读。

3. 在《寂寞圣哲》出版不久，中国青年出版社的同行吴晓梅女士就“盯上”了作者鲍鹏山。之后她陆续推出鲍鹏山的新作《风流去》《孔子传》等。《风流去》将《寂寞圣哲》中所有的文字都收入其中，再加上一些新作成书。由于吴晓梅的精心编辑，她利用青年社强大的设计力量与得天独厚的条件，作品一经推出便取得不俗的反响。客观地说，《风流去》《孔子传》等书，鲜活、新颖、大方、夺目的设计及优良材质的选择、运用，大大提升了作品的品位，也赢得了市场。
4. 潘肖珏的人生经历可谓坎坷，她是一位大学教授，也能动笔将自己的经历流畅、淋漓地写出来，且受到读者的喜爱，这是不简单的。尤其是她那种历经“坎坷”仍能“乐活”的精神状态，面对人生巨大困厄仍能理性、镇静处之的强大内心，不知感染、鼓舞了多少人。她的经历无可复制，加上好的文笔，这让她具备了成为一个优秀作者的诸多条件。早年有“出版大鳄”之称的安波舜“盯”上她，不足为怪。可惜，就在他们合作条约签订不久，安波舜被检查出癌症，世事多变！
5. 易中天曾因在《百家讲坛》“说三国”而如日中天，成为众多出版社及民营机构争抢的稀缺出版资源。最终花落谁家，比的是实力：资本及运作能力。显然，果麦出手不凡，一切都顺理成章。

6. 华中师大文学院的戴建业教授，是我二十多年的至交。我们平时虽然联系不多，但他对我一直关爱有加，我也把他视为至亲兄长。在工作中有这种友谊，这是我作为编辑的幸运。他中学阶段数学成绩突出，灵气十足的他，竟阴差阳错地进了中文系，而且一辈子从事古典文学研究。因为当时正值恢复高考制度不久，百废待兴，他报考华中师大很快被录取，后来他才得知他的高考成绩竟远远超过北大当年的录取线。他的硕士、博士导师皆是国学大师级人物，其中有一位还是钱钟书的小舅子。由于功底扎实，戴教授陆续出版了不少学术成果，也很快成了博导，并多年被评为学科带头人。才华横溢、口才一流、精力异常充沛的他，每开一门古诗词课程，选课人数立即爆棚。率性、幽默、风趣的解读，吸引了无数听众。尤其是当他陶醉于意境时，那种时而慷慨激昂如闪电击穿云层、时而婉转悠远又似大雁静静飞往天边的神态，不知让多少听者怦然心动。他多次被选为“研究生心目中的好导师”“最受学生欢迎的好老师”。他笔耕不辍，先后出版了《文献考辨与文学阐释》《澄明之境——陶渊明新论》《老子的人生智慧》《浊世清流——〈世说新语〉会心录》等近十部作品。学术、历史随笔写作之外，他的杂文、时评也创作颇丰，这更能体现他的现实关怀与嶙峋傲骨。他当年在网易博客开设专栏，拥有千万级粉丝，其博客还曾被评为文化类“网易十大博客”。近期，戴教授的古诗词教学视频在抖音上爆红，甚至一天就有超过千万人次收看，百万多人次点赞、转发，创下了一个惊人的奇迹，文化界一时刮起“戴建业旋风”。《人民日报》、中央电视台等各大媒体竞相报道，各种自媒体阅读、转发也是汹涌如潮。在这种背景下，传统纸媒出版、自媒体音频、视频平台的资本“大鳄”们蠢蠢欲动，他们各自“秀肌肉”以争夺这一不可多得的优质出版资源。他们有的拿出数百万定金迅速锁定目标，有的许以天量印数、高额版税并前期预付，有的组织专门团队整体包装、系统开发、运作……

7. 编辑只有与跟自身趣味吻合的平台、渠道相结合，才能发挥更大的作用，体现更大的价值，否则，好多想法也只能成为“想法”，就是“机会”来了，你也抓不住。有实力、有影响的作者，不但看你是一位怎样的编辑，还要看你所在的“平台”能否给他带来更大的价值与足够的想象空间。

编辑的用心与经典制造

厨师与编辑

由源到流，汇成江河

编辑做畅销书要“势利”

经典是门好生意

书名煞费思量

出版人的四幅素描

厨师与编辑

一条鱼，如果天生丽质，肉质鲜嫩、味道鲜美，稍作烹饪就成一道好菜、名菜，享誉天下。但是，天下厨师不可能每人都有这样的机会，也不可能一个厨师总有这样的机会。绝大多数情况下，厨师所面对的还是“一般化”（指市场面而言）的鱼。但正因为这样，好的厨师才会脱颖而出。火候怎么掌握，调料怎么搭配，下锅的程序怎么安排，甚至刀功如何，都十分地有讲究。好的厨师一定会动用他的绝活与经验，一条“一般”资质的鱼，在他的手下也照样会活色生香、五味俱全，从而引来更多的顾客。从这种意义上说，这名厨师“最大化”地彰显或实现了作为一道菜的鱼的价值。同样，作为一个好的编辑，当他更多时候在面对“一般化”（仅从市场的角度考量）作品的时候，也会把书做得风生水起，以“最大化”（市场的最大化，拥有的读者数量尽量多）彰显作品的价值，而编辑的价值也会从中得到充分的体现。

要让作者的作品“最大化”彰显，作为一名编辑，摸准作品的特质与“气息”很重要，这是编辑下一步工作的前提和基础。接下来就要在编辑加工的过程中调动一切力量，力求在各个环节“最大化”彰显作品。这就要求编辑研判市场，研判读者，尤其是研判分层读者的不同趣味与阅读口味。只有功夫做足了，才能在面对一本书稿时，真正做到心中有数，也才会知道风往哪一个方向吹。剩下的工作，如撰写内容简介、书评，市场营销的重点和策略，发行的重点布局以及装帧设计的风格、品味，广告语的提炼等等，都会迎刃而解。可以说，一部书稿编成了，编辑的生命也就经历了一次破茧化蛹的过程，其收获是极其丰富的。而且付出越多，问题解决得越是彻底、越富有成效，越得到市场的认可，亦即最终使作者的作品实现了“最大化”效应，作为编辑个体的价值，也就越能得到“最大化”的体现。

王开林是一个传统“文人”作家，早年北大中文系毕业，笔耕不辍，著述颇丰。在策划出版他的“王开林晚清民国人物系列”小丛书之前，他已陆续出版作品十几部，涵盖散文随笔、小说、传统文化经典解读、文化名人小传等题材，涉猎广泛。我与作者相识多年，对他及其作品的“气息”早有所悟。大抵是文人视角，遣词造句精致、上乘；字里行间也透着视天下为己任的传统士大夫胸襟。坦率地说，“文人气息”一旦浓了，读者面就相对窄了。我在想，他的书稿我来编，如何编出不同的效果来呢？我以作者已经出版的十几部作品为铺垫，决定取其内核舍弃其他，精编他的历史人物专辑。这就像打集束炮弹一样，火力集中，既能凸显作者创作的重心和亮点，提升一个作家的美誉度，也会让市场及读者耳目一新；从书名原来作者自定为“王开林圆桌骑士系列”（作者认为所写人物都是历史上的“奇人奇士”），后我斟酌改为“王开林晚清民国人物系列”（更容易进入当下读者的视野），序言标题、目录标题等也斟酌修改，尽量贴近更多读者；让我最感欣慰的是，我将作者所写的一共近三十位历史文化名人（有对过去所写的修订，也有新写的）分门别类，以具有晚清民国时期“特质”的一些代称词（可能会引起读者的兴趣），来为每本书命名（这种命名或接近每本书主题，或与主题相关），如“狂人”“隐士”“高僧”“大师”“先生”“裱糊匠”等；采用精装小开本，既与内容的精致、上乘相匹配，又可满足当下读者对图书形式的高品质要求。在此过程中我多次与作者积极沟通，从而获得了作者的积极配合和支持，也最终赢得了作者的认可。这样“王开林晚清民国人物系列”中的《狂人》《隐士》《高僧》《大师》《先生》《裱糊匠》六卷本就编成了，由原来作者所定的厚厚的、内容驳杂的三大部书稿构想，最后变成了只是以人物为主题的六小本精装，主要读者除了人文知识分子以外，还可能为其他高端读者所关注。

提炼与拓展

一本书的命运就像一个人的命运，有许多不确定性。而编辑要做的，就是最大化彰显一本书的价值，以便拥有更多的读者。并不是所有的努力都会成功，但成功一定离不开努力。所谓尽人事、听天命，做出版也是这样。

编辑是否真的为一本书、为一个作者而努力了，是看得出来的。努力了，虽然没有取得想象中的成功，但也总是有收获的。至少，作者会被你的努力所打动！

由源到流，汇成江河

——由《潜规则——中国历史中的真实游戏》（修订版）的出版所想到的

《潜规则——中国历史中的真实游戏》（修订版）自今年3月上市以来，印数已突破30万册。就目前图书市场的行情来看，算是取得了一定的成绩。这一成绩的取得，回顾起来，既得益于编辑策划之“源”，更得益于出版团队的高质量工作。没有这样一个始终怀有理想与使命感的团队的紧密协作与密切配合，《潜规则——中国历史中的真实游戏》（修订版）的顺利出版，是不可想象的。

“源”自心中来，“源”来十年

十年前，我从《上海文学》杂志上读到吴思的几篇历史随笔，当时就被深深吸引。其中有一篇《新官堕落定律》读后尤让我深感震惊。我至今还清晰地记得其中的精彩描写：海瑞是一个不贪污受贿，也不接受任何灰色收入的清官，这位清官在浙江淳安当知县时，穷得要靠自己种菜过日子，当然平时更舍不得吃肉。有一次海瑞的母亲过生日，海瑞买了两斤肉，这条消息居然传到总督胡宗宪的耳朵里。第二天，总督便不怀好意地发布新闻说：昨天听说海县长给老母过生日买了两斤肉！你瞧，堂堂一县之长的海瑞，仅仅在老母生日那天买了两斤肉，却不料在官场引起一阵骚动，想必那些大大小小、上上下下的官员一定在看热闹，而这热闹中却不乏嘲笑与不屑，甚至还有憎恨。我想这样的清官虽受百姓拥戴，却为百官所不齿。结果可想而知。海瑞最后官至吏部侍郎，相当于现在的中组部副部长。这位副部长去世后连丧葬费都出不起。作者随后写道：当时有一个叫朱良的人去海瑞家看，回来写了一首诗，其中有四句可以作为海瑞“真穷”的旁证：“萧条棺外无余物，冷落灵前有菜根。说与旁人浑不信，山人亲见泪如倾。”作者紧接着感慨道：这就是辛勤节俭了一生的清廉正直的官员应得的下场吗？

这样的文字这样的发问，确实起到了振聋发聩的效果，它一下子就深深地拧紧了我的神经，猛然触动了我内心某个温柔的地方。我后来也陆陆续续读到作者类似题材的文字，情感的波澜也随之日益激荡，这一切似乎坚定了我内心的某种信念。我想，虽然说今天的社会远非昔比，但封建社会那套淘汰清官、劣币驱逐良币的落后官场文化、官场生态的病毒犹在，并在时机成熟的时候不时爆发出来，严重侵害着我们社会的正常细胞，并使之溃烂变质。呼唤改变官场生态，摈除陋习，对一切贪赃枉法者绳之以法，对执政为民的清官、好官（在今天看来是有信仰）予以扶植，以期从根本上扭转社会风气，一时成为人们内心的情感诉求。

出于一名编辑的职业敏感，我开始打听那时还默默无闻的作者吴思的下落。先是通过杂志社，后又几经辗转波折，才终于与吴思联系上。当我表明约稿来意后，吴思首先说你是（除京城之外）全国范围内第一个正式向我约稿的编辑，还说他相关的一系列历史随笔正在写作计划中，估计一年左右可以结集出版。不过他同时告诉我，他这一系列写作计划是在一个朋友的撺掇之下才开始动笔的，如果他的朋友不就此书稿的出版提出要求，届时他便把书稿交给我。后来，我得知他说的那位朋友就是梁晓燕女士，学者兼出版策划人。后来大约过了一年左右的时间，梁晓燕作为策划人在云南人民出版社推出吴思《潜规则——中国历史中的真实游戏》第一版，不久，吴思也给我寄来了他亲笔签名的这本书。记得第一版开本为32开，封面采用的是一张水墨画，书的下方排列着醒目的书名。书名上下两行排列，正标题在上，副标题在下，字体一律采用的是日常不多见的一种斜体字。从整个封面看，书名好像是有意下沉到书的下半部分（接近底部），给人在视觉上一种不寻常的异样的感觉。后来在与吴思的交往中，发现这也是吴思的审美习惯与偏好——他总喜欢把书名下沉到封面的下半部分，风格迥异，与众不同。第一版文字似乎不多，版面文字间插配了大量历史图片和相关历史资料，定价仅为16元。书出版不久即受到关注，引起广泛好评。《南方周末》等在全国有较大影响的报刊还做了相关推荐和报道。在引起社会关注后，出版方大概觉得以前的装帧设计不理想，于是在重印的时候就立即换了一个封面，内页也做了细微的调整，定价由原来的16元提高到18元。旋即吴思又给我邮寄来了新的签名本。之后，大约在该书上市大半年左右的时间，就被要求停止销售。在这段时间里，该书共发行了十多万册。

从2000年底我联系上吴思一直到现在，我们的交往一直没有中断过。有时打一个电话问候一下，有时发一个电子邮件互通信息。自从他的书被停止销售以后，他就在圈内成了一个所谓“敏感人物”。但这一点并没有成为我们交往的阻碍。后来，出于众所周知的原因，吴思在与我联系的过程中，没有一次跟我主动谈出版他书稿的事情，我也只是跟他讨论写作计划与进度方面的事，也很少主动向他约稿。在不间断交往的三四年后，我第一次见到了吴思。那是2005年冬天的一个傍晚，我出差在北京，天色已黑，吴思正坐在一家北京烤鸭店大堂里等着我的到来。之前，当他得知我要来北京出差时，便在电话那头爽快地说要请我吃北京烤鸭。当我来到事先约定的烤鸭店的时候，吴思正一个人默默地坐在店里一个很不起眼的角落。当他见到我时，便起身脱下身上的大衣，然后点了一只香喷喷的地道北京烤鸭。席间，他聊了他的书被要求停止发售的事，他告诉我之所以那样，只是因为书中有两篇触及现实的文章写得过于尖锐与偏激，从而引起社会非议。他还说了他的第二本书《血酬定律》被一个书商拿去出版，不久也被要求停止发售。言谈中虽有些无奈，但依然看到吴思眼神里的那种坦然与自信，淡定与执着，随和与不屈。这给我留下了深刻的印象。那次见面，我还对他说，社会在不断变化，人们的思想观念也在变，过去人们认为是错的东西，说不定现在或不远的将来又认为是对的。那次，我还表示了有意修订《潜规则——中国历史中的真实游戏》原版本，等有机会将它再推向市场。他说，那本书的版权还不在他手里，等有机会再说。

2007年底，我给吴思打电话，我告诉他我将要去复旦大学出版社工作了。可能是出于对我工作的支持，吴思对我说，《潜规则——中国历史中的真实游戏》修订书稿的版权现在已在他手里，已经有几家出版社联系到他并要与他商谈出版方面的事情。他说，如果你有出版意愿的话，就拿去。听后，我既对他充满感激之情，也不免有些犹豫。在电话里，我首先对他表示谢意，并立即表示要尽最大努力使再版成功。于是，我在来复旦大学出版社工作不久，便向社里申报了该书稿再版的选题。

“源”“流”交融，汇成江河

在决定申报选题的时候，我曾这样想过，该书从2001年初被要求停止发售至今，已近十年。十年来，改革开放的中国大地发生了怎样的变化啊！不说别的，就说思想、舆论方面的变化，就足以让我们刮目相看。如今，中华大地正掀起一股肃贪风暴，并大有一浪高过一浪之势。一切腐败分子、贪官污吏在舆论尤其是在网络媒体的监督与揭露下，正褪去美丽的外衣，被打回丑陋的原形。那种肆意妄为、不受约束的权力正在遭受前所未有的挑战，以人为本、执政为民的理念正在深入人心。在这种背景下，民间舆论的力量正日益壮大，以不可抵挡之势推动着社会的政治文明不断进步。我们今天随时随地都可以听到或看到批评政府的声音，对任何一项管理政策的出台和执行都可以指手画脚，发表自己的不同见解。不同的声音正在中华大地上回荡。这一切充分反映了我们的党和政府真正以人为本、开放包容的伟大胸襟。在这样的时代大背景下，我想修订再版《潜规则——中国历史中的真实游戏》不是没有可能。

当选题向社里申报后，得到了积极的反馈。从社长、总编等社领导，到编辑部、发行部，都一致看好它，并给予了较高的评价。这个反馈对作为责任编辑的我来说是一个莫大的鼓舞与激励。一个编辑可以发现与挖掘有价值的图书选题，如果得不到上自总编下至发行等出版环节的支持与呼应，那极可能会胎死腹中。就像《潜规则——中国历史中的真实游戏》这样的书，尤其可能遭到否定而被抛弃，因为它有“前科”，是一本曾经被要求停止发售的书。如果它当初在社里被否定，可以说也是顺理成章的事。但是，这次却大出我的意料，在决定选题是否通过、是否列选上，居然没有一个领导站出来反对，居然没有一点（哪怕仅仅是思想上的）障碍！这不能不说是一个奇迹。这也初步印证了我基于这十年来中国社会发生的巨大变化所做出的判断。既然大家一致看好这一选题，而且上下都呈现出一种跃跃欲试的精神状态和局面，社领导们便着手出谋划策，发行部的人员也将其列入重点图书开始向全国的经销商推荐宣传，甚至开始了征订工作。

但这毕竟是一本曾经被有关部门要求停止发售的书，能不能顺利出版乃至向全国发行，仍是一个问题。

为解决这一问题，本着一种出版的使命感与责任感，甚至甘冒一定的政治风险，社领导一方面开展积极的疏导工作，一方面积极抓该书稿的编辑出版与营销宣传，为将来的正式出版作准备。他们先是安排总编办向上级主管部门递交出版选题，如实报告该书的前因后果、前世今生，并将其与本社刚出版的易中天的《帝国的终结——中国政治制度批判》作比较，阐明该书也是站在历史的角度，对中国历史中的陋习进行批判和揭露，而不是渲染历史的阴暗面。如实说明这一点，也是为这本书正名，以打消有些人固有的成见。同时还从管理者的角度出发，指出该修订版与初版的不同之处，从而消除管理者可能存在的疑虑。在得到出版管理部门的明确批复（选题通过）以后，社领导贺圣遂先生还亲自过问书稿的审读质量，并亲手处理把关。在确定书稿无重大问题的基础上，再将书稿呈送出版管理部门审读。在审读的过程中，社领导安排专人及时与主管部门沟通，并了解书稿的审读进度与可能存在的问题，一旦发现问题便及时商讨解决。这些措施都为书稿的顺利出版创造了极有利的条件。一段时间过去之后，主管部门审读的书稿如期返回出版社，专家的审读结论是：对书稿部分文字做修改后，可以出版。

在解决了能不能出版的问题之后，接下来就要面对怎么出版的问题。为此，社领导根据该书出版的实际情况，本着稳扎稳打不出纰漏、调动各种积极因素进一步推进的原则，立即布置两项工作：一是，邀请前任总编辑、现任本社出版顾问的高若海先生在认真审读书稿、把握其精髓的基础上，高屋建瓴地撰写一篇“出版说明”，并将其置于序言之前，以向社会表明本社出版该书的鲜明立场。最终，高若海先生不负众望，以其洗练的笔触，将该书的内容表达得极其准确而简练。高老师这样写道：“在这部以历史为解读对象的著作中，作者以亦雅亦俗、亦庄亦谐的写作方式，叙述了历史上值得人们思考的大大小小的无数案例，在生动有趣地讲述官场故事的同时，作者透过历史表象，揭示出隐藏在正式规则之下、实际支配着社会运行的不成文的规矩，并将其名之曰‘潜规则’，进而指出潜规则的产生在于现实的利害计算与趋利避害。书中对于潜规则的定义、特征，潜规则阴影下皇帝、官员、百姓的不同处境与抉择，潜规则盛行的社会土壤，以及潜规则何时会萎缩，均有论述。潜规则现象产生、盛行于我国的封建社会，但它一时还难以消失，只有加强社会主义民主，健全社会主义法制，才能最后根除潜规则。该书问世之后，在海内外产生广泛影响，最近作者对该书作了补充、修订，使其内容更丰富，观点更明确，值得重读。我社本次正式推出该书修订版，冀望给人启迪。”这篇“出版说明”，后来被多家媒体竞相采纳，作为向公众推荐本书的极佳文字。这篇“出版说明”也极好地阐述了本社出版该书的良好动机。二是，对该书中的众多引文出处一一加以补充，以确保内容来源的准确性和作者写作的严谨态度，同时也想以此表明本社对待出版物的严格要求，体现本社作为国内一家学术出版大社、名社的固有特色和风格。在作者提供的文字里，很多引文出处交代不够完整和细致。文中引文一般都指出来源，但很不具体。甚至有的典故和引用没有做注脚交代。这一现象在十年前该书的第一版中也有所反映。比如，在作者提供的文字原稿《崇祯死弯》一文中，有段引文的脚注只有“①《春明梦余录》卷三十六”，没有进一步指明作者是谁，是哪个朝代人以及哪个出版单位、什么时间出版等。根据社领导要求，后来对其作了这样完整的补充：“①参见（明）孙承泽《春明梦余录》卷三十六，北京古籍出版社，1992年版。”针对书稿引文注释普遍存在的这种遗缺，社长兼总编辑贺圣遂先生利用整整一个春节假期的时间，把书稿中多达五六十处这样的引文出处，一一罗列出来，并在仔细查阅相关资料的基础上亲自一一补上。他还站在读者的立场上，就一些容易被误解或混淆的历史学概念提出要做些补注，以方便读者阅读。比如在《摆平违规者》一文中出现的一个官职“首道”，他充分利用自己的专业优势，对其做了恰当的补注。这样扎实认真的工作态度和严谨的治学精神，在社里产生了示范效应。作为一社之长的他，这种言传身教的踏实作风和为出版事业所做出的奉献，直接影响和感染了年轻一代的编辑。这些工作虽然琐碎，但其背后所隐含着的那份执着与坚韧，不仅为读者提供了方便，也深深地打动了作者吴思，他惊叹道：出了很多次书，还没有见到这么认真、扎实做工作的！

在酝酿出版《潜规则——中国历史中的真实游戏》一书的过程中，适逢每年一度的大学版图书订货会。社领导决定不放过这个难得的宣传机会，积极筹划向全国的经销商客户重点推广这本书。后来的实际情况证明，这次宣传推广确实收到了很好的效果，节节攀升的征订数字，让我们感到振奋，鼓舞了我们的信心与士气。

在大学图书订货会期间，社领导让作为责任编辑的我向本社的重点订货客户详细介绍有关这本书的情况。因为本书十年前在市场上出现过，预热过，所以这次的介绍重点应落在该书修订版的特点及其与十年前初版相比较有哪些不同之处。我主要是从以下几点做阐述的：

一，新版保留了老版的“核心内容”，并增加了两篇与主题息息相关的新作品，深化、强化了本书的核心内容，因此，全书的内容核心得到强化。（向经销商客户说明这一点，无非是向他们传递一个信息，那就是：新版依然好看，精彩的内容依旧保留着，而且还有增加。

二，先有作者提出的“潜规则”概念，后有十年前第一版的问世。在十年前第一版出版后，许多读者通过各种方式向作者提问：究竟什么叫“潜规则”？后来，作者专门写了一篇文章，从理论上阐述“潜规则”的内涵及几个显著特征，这篇文章就收录在此次新版里。新版同时还收录了《新周刊》近期对作者的一个长篇专访《潜规则十周年 专访潜规则之父吴思》，这篇文章反映了作者自创立了“潜规则”概念十年以来在思想认识上的变化与深化，勾勒出作者思想丰富发展的内在轨迹。也为读者进一步了解作者的思想变化，提供了很好的观照材料。（这一点无非是告诉客户新版有新内容，而且是读者所关心的、喜欢的。）

三，本书史论结合，既有历史读物的故事性、趣味性，也有一定的理论抽象与概括，具备了作为一部优秀大众历史类读物的特质与属性。（这是从一个有经验的编辑的角度出发，告诉客户这是一本好书，一本好销的书，坚定他们的信心。）

四，贴近大众读物市场，其核心内容虽是讲历史，但一定程度上带有时代性特征。文为时而作，才有意义，也才能彰显历史的价值。历史的价值与意义就在于与时代有机嫁接与呼应。我们可以通过特定的历史，反思时代的问题与病症，从而促使人们寻找到解决问题的有效途径与医治病灶的良药。贪污腐败问题是当下中国人不可回避的社会问题，也是大众关注的一个焦点。《潜规则——中国历史中的真实游戏》一书切中时弊，并提供一个观察历史与现实的视角，可以帮助读者透过现象看本质，有利于帮助人们找到克服与消除历史痼疾的有效方法。（这一点告诉客户，大众之所以会对这本书感兴趣的社会、现实原因。）

五，新版删除了曾引起广泛争议的两篇文章《造化的报应》与《雷锋人格》，规避了“政治风险”，确保了出版与销售的安全。（这一点是为稳定客户的情绪，帮助他们消除内心可能存在的种种疑虑。）

六，本书作者通过这本书的系统阐述，建构与确立了一个可以概括与说明很多中国社会问题的概念——“潜规则”，“潜规则”一词的诞生，震惊国内外学术界与文化界。作者的历史功绩，可以说不亚于曾创立了“软实力”概念的哈佛大学教授约瑟夫·奈。因此，本书是作者的成名作，也是作者的代表作。但该书十年前的第一版，由于某种原因而停止销售，因此，它的市场销量远未达到市场的可容量，十年后的修订版的市场潜力依然很大。这一点也为后来的事实所证明。（强调这一方面，无非是说本书的社会价值与以前的市场销量不成比例，增加客户的信心。）

我从以上几个方面向经销商介绍了本书修订版的内容特色、市场前景及其与市场读者的密切关联度，目的只有一个，那就是让他们更加深入全面地了解本书的价值所在，并从内容的调整上打消他们对这本书出版及销售安全的顾虑，进一步提振他们对经销本书的信心。后来的事实也证明了我的努力所起到的一份作用。当然，发行部门所采取的种种促销手段更对扩大本书的市场销量，起到实质性的作用。

总而言之，一本书的成功出版，既得益于编辑提供的信息"源"（选题），更得益于包括社领导在内的各个部门环节的协同作战与共同努力。没有一个精良团队的共识、共谋与共力，编辑所能提供的那个信息"源"，就不可能形成一股"流"，那个源就可能永远裹足不前、呆在原点，甚至枯萎干涸。由源到流，源流汇合并有机融合，才能形成一条生命之河，一条滔滔不绝、激流奔腾、浪花四溅的生生不息的大江、大河！从《潜规则——中国历史中的真实游戏》修订版的顺利出版，到其取得不俗的市场业绩，就充分说明了这一点。

（本文刊于《编辑学刊》2009年第5期，发表时有删节）

提炼与拓展

1.《潜规则——中国历史中的真实游戏》2009年修订再版能够顺利进行，得益于一个时代。我们常常说在一个正确的时间做一件正确的事，可以这么说，本书的出版，就是在一个“正确”的时代做了一本“正确”的书。尽管这是一件偶然发生的事。

2. 如果有什么“必然”，那就是我与作者的联络及友谊一直未曾中断。十年时间，我始终如一地与作者交流，并保持着对作者的一份“敬畏”之心，无论发生了什么。此所谓“心诚则灵”是也。

3. 一个文化单位，一家出版社，对一切优秀文化都能心存敬畏，都有着一种天然的亲近感，这是难能可贵的。倘若当时有一个人站出来阻挠，事情可能就是另一番样子。因此，一个好的文化产品能够出炉，应是团队协作的产物。

4. 一本好书，都有编辑的影子在里面，或者本身就是编辑灵魂的寄托与投射。天生个性、人生经验等，造成了编辑的趣味，依照这种趣味，编辑去发现与寻找好的文本，最终成就一本好书。

5. 当代著名社会学家邓伟志曾写过一本自传，取名叫《我轻如鸿毛》，有点意思。此等著名人士把自己看成“轻如鸿毛”，实乃智慧所致，他不为名利所惑。如果我们都这样去思、去想，以“轻”之心、之情，去博取编辑生命中的“重”，即努力编出好书来，那么我们就会更加豁达、更加纯粹。

编辑做畅销书要“势利”

关于“势”字，《现代汉语词典》有一种解释就是：一切事物力量表现出来的趋势。与之相关的词语有“势必”“势不可挡”“势如破竹”“势态”“势头”“势焰”“势在必行”。凡事物形成一种力量及趋势，犹如箭在弦上，引而待发或不得不发。

中国传统文化历来强调人们的行动要遵循顺势而为的原则，因为只有这样，才能于事有功，取得成效和成功，反之便于事无补，甚至失败，此所谓“势利”。只有顺势而为，才能给人们带来实际的好处与利益。

“势”对编辑很重要，做出版也要借势而为。只有顺势而为，方能成就一番事业。这样的例子在出版界也很多。就拿创造“新经典文库”一个又一个奇迹的出版人陈明俊来说吧。记得是十几年前，随着日剧和韩剧在中国大陆的风行蔓延，催生出一波又一波的日剧和韩剧的热播潮流。唯美浪漫的爱情故事，家长里短的温情细节，不知打动了多少中国观众。凭借这一“势头”，作为出版人的陈明俊先人一步，开始引进与热播剧相关的日本和韩国的原创畅销小说。由于许多日剧和韩剧都是根据这些小说改编而成的，所以，在国内一出版，便在读者中引起强烈反响。沉浸在温情浪漫的电视剧故事里面不能自拔，他们便继续购买小说原本来阅读，为的是挽留与延伸心中的那份美好。这样电视与小说互动，读者、观众叠加，从而引发一场日本和韩国原创小说在中国出版和阅读的大潮。这一次成功的尝试，为他的团队带来丰厚的经济回报。

有了这次成功经验，陈明俊接着又把触角伸得更长，继续在异国他乡的文化土壤里寻觅宝贵资源，然后把它与国内的某种社会“势头”嫁接起来，从而实现自己的目标。前几年当《德川家康》皇皇数十部一字排开铺陈在各大书店的显要位置时，人们为之惊叹不已。随后，它俨然成了都市年轻白领们竞相购买的热销读物。乱世出英雄，在日本的那个“乱世”英雄辈出的年代，丰臣秀吉脱颖而出，成就了自己的辉煌。乱世、苦难、磨难历来是砥砺英雄不可缺少的背景与条件，正因为它们才使得英雄具有巨大的感召力和影响力，才会激励千万正处于人生奋斗与磨难阶段的年轻人不顾一切地实现自己的梦想。这样一部史诗般的英雄传奇，正暗合了转型中国社会中正在艰难升起的一个个年轻人心中的梦想，他们梦想的汇集，便构成了恢弘壮阔的“中国梦”。

近些年来，诺贝尔文学奖不知不觉搅动起中国人的神经。随着经济的高速发展，中国的国际地位及影响力不断上升，与其地位相匹配的诺贝尔文学奖便是隐隐藏匿在许多中国人心中的一个梦想，并呼之欲出。加之处在多重矛盾困惑之中，孤独感如影随形，盘踞在中国人的心中挥之不去。可以说处在转型期的中国“大时代”也一并孕育着一种“大孤独”。于是在一个正确的时间出现的一部正确的大书，横空出世，迅速占据各大畅销书榜，耀眼明亮——一如他的策划人陈明俊，明亮而“君临天下”。这部一出世便备受读者青睐的“大书”，便是曾在1982年获得诺贝尔文学奖的拉美魔幻现实主义代表作家马尔克斯的文学巨著《百年孤独》。努力创业、追求成功、渴望诺奖以及巨大的孤独感，在人们的心灵深处便形成一个一个或明或暗的“势”。

好像还没有哪个时代能像今天的中国这样，经典解读、经典阐释一如雨后的春笋生机蓬勃，满园春色。出版改制为企业，企业面对市场，而市场又不是抽象的，是由一个一个具体的读者所构成的。因此，出版社也不能再像过去那样与读者相隔膜。市场导向即以读者为本位，满足更多读者的口味，应是当今出版社的生存之道。也因此，昔日“高高在上”“板着面孔”的经典著作，也“低下”高贵的头颅，由“阳春白雪”蜕变为“下里巴人”。于是，经典的时代解读一时蔚然成风，出版经典的解读本、阐释本，也乐此不疲，蔚为大观。例如，易中天说《三国》，于丹说《论语》，鲍鹏山说《水浒》等，还有四大名著青少年无障碍阅读本，《道德经》《孙子兵法》《三十六计》《庄子》《孟子》《周易》《浮生六记》等传统文化经典也纷纷推出成人“无障碍本”。这样的势头还将发展下去。本着为读者提供更加美好、更加优质读物宗旨的对经典解读的创新之举，仍将有着广阔的出版市场前景。

中国出版界以出版古籍经典著称的品牌大社中华书局，曾经走过了一段艰难探索的发展之路。面对改革开放“势”的变化，是以不变应万变还是因势利导以变应变，是一件关系生死存亡的大事。以当时的掌门人李岩为代表的团队，克服重重阻力，及时转变思路，顺势而为，在一个正确的时间推出一部正确的书《于丹〈论语〉心得》，从此打开经典的当下解读之闸门，也使一家行走在危机边缘的老企业浴火重生。巨大的市场成功，鼓舞了这个团队，他们一发而不可收，并充分利用自身的品牌优势，随后出版一系列经典新读之作，也继续得到市场的强烈呼应。思路决定出路，他们在“新”字上做文章，在“势”字上下功夫，从出版物内容的重新解读，到图书包装设计的推陈出新，无不以市场读者为本位。由于顺应这个时代潮流，顺势而为，顺势而下，最终激活了全盘资源。一盘激活，全盘皆赢。据有关数据显示，2012年他们年销售码洋超过4个亿，这比之前困顿无望、举步维艰的时代，不知强了多少倍。

有一个成语叫“狗仗人势”。狗况且也能借势而为，发威发飙，一逞其强，更何况聪明的人呢！作为出版人，当下依然有着许多“势”可以假借，比如，微博时代人们对权力在阳光下运作的民主诉求，网上无序混乱、吵吵嚷嚷的时代人们对有序规则及理性的诉求，躁动不安、灵魂无所归依的时代人们对幸福安宁的诉求，社会不公、价值观扭曲的时代人们对公平回归的诉求，负能量充斥的时代人们对正能量回归与渴望的诉求，食品监管缺位人们对健康饮食的诉求，身居闹市环境污染心身疲惫人们对远足青山绿水、更加宁静广阔宜居环境的诉求，随着经济条件的改善人们渴望摆脱粗鄙生活、对优雅生活的诉求，如此等等，都是隐含在社会表象之下的一种或明或暗或隐或现的“势能”，这些“势”也为我们编辑提供了广阔的驰骋空间。

（本文于2013年10月18日发表于“百道网·李又顺专栏”）

提炼与拓展

1. 一个精明且成功的商人绝不盲从，他一定是一个潜伏的狩猎人。他在发现一个社会决口的时候，绝不会去堵住它，而是用力撕开它，将它捅得更大，以便大洪水决堤而出，任由河水泛滥，淹没大地。文中所述几位成功的书商、出版人，就是这样的狩猎者。
2. 所谓顺势而为，就是发现机遇、抓住机遇，乘上一列列时代的顺风车。此所谓顺之者昌，逆之者亡。
3. 顺势而为绝非人云亦云、随大流，相反，恰恰要求当事者保持清醒的头脑、敏锐的嗅觉与独立的决断力。

经典是门好生意

朋友寄来几本书，一眼望去若有所思。都是些世界名人传记，如：《圣雄甘地传》《俾斯麦与德意志帝国》《富兰克林自传》。这些名人传记都是一些声望卓著的名记者或学者所著，在西方世界流传了很久。无论传主或作者，都堪称经典范畴。

为表示谢意，我给朋友打了个电话。电话那头，朋友一扫往日的阴霾，话语间生机闪现。他说近十年来的默默努力种下的那些“树苗”，曾经不知道死活，现在看来大多数都已活了过来。电话里，他信心十足地说，明年再接再厉，招兵买马，扩充队伍，将他的“小书商”生意点一把火，让火苗烧得更加明亮一些。

近十年来，我在体制内见证了这位朋友的“小书商”生涯。他先是一个人离开体制，创办了一个工作室，后又正式成立一家小公司。员工也就一两个人，一张桌子一把椅子，寄居在一个熟人的办公间内。朋友的志趣在于做经典外版书。在与版权代理洽谈好第一本外版书之后，又寻来合适的翻译者，这样他的“事业之船”也便正式启航了。

在前几年出版界“一切向钱看”的巨大声浪中，他的声音被淹没了。本来小打小闹也就不起眼，何况又是在初创阶段。在畅销书独占鳌头的海洋中，我也为朋友的那艘“经典”小船捏把汗，期望它不被大浪掀翻。后来看到他的一套近十本的经典名译“西方数学文化理念传播译丛”沉甸甸地被装入这艘经典航船并大放异彩的时候，我的眼睛也亮堂起来。这套书深入浅出，接地气，只要具备了一定的相关素养，起码就可以浏览领略得其精髓，甚至可以深入探究下去。它们中的代表作有《西方文化中的数学》《什么是数学》《后现代思想的数学根源》等，原作者都是20世纪大名鼎鼎的世界数学教育家、数学史学家与数学哲学家。这套书让中国读者大开眼界，丰富了对西方文明的认知，让读者感到，在西方文明中，数学一直是一种重要的文化力量，也让读者对整个数学领域中的基本概念及方法有了透彻清晰的认识。这套书自出版后一再加印，已成为出版社（合作方）的“镇社之宝”之一。

朋友在电话中说他这么多年来种下的那些树苗终于有了绿意时，不免有些激动。他说那些年只管埋头做书，也不知道“死活”。现在不断接到出版社那头传来“缺货”“加印”的消息，甚至十年前出的一套书也有出版社愿意再版，这一切让他感到这么多年来的辛劳终于有了些回报，也让他看到了一个文化公司的未来与希望。

大约十年前，基于对图书市场的观察与洞悉，我也深刻体会到：真正的经典永不过时。经典不会成为废纸。我曾对朋友说，只要用心做经典，库存不会轻易成为废纸，最坏的结果也无非是孔夫子旧书网及那些流通环节的专业书贩子来“低价”吃掉存货。出版如果定格在经典的层面并树立经典的意识，也不会轻易溃败与倒下。就拿现在的市场来说，我们还不断听闻有人在做线装经典呢。

就出版的本质而言，某种意义上说就是传播经典。一是出版被时间证明了的经典之作，二是出版未来可能成为经典的作品。但经典作品不是一成不变的，要不断赋予它时代的内涵。时代的内涵表现在“内容”与“形式”两个层面。就内容来说，不断的解读，不同层面、不同角度的解读，才能让经典不断鲜活起来，从而注入不同时代人们的精神与灵魂，以至发挥它应有的价值与作用。从形式来说，也要赋予经典以不同时代人们的审美情趣及现实需要。

经典的生意可以让一个小书商看见希望，焕发生命意志，也可以让一家传统出版企业起死回生。

中华书局是一家百年老店，在上个世纪改革的大潮中，曾经面临着巨大的困境，前途未卜。就在痛苦的挣扎与摸索中，他们抓住了央视《百家讲坛》的风云转换（面向大众），实现了自己的成功转型。《于丹〈论语〉心得》的出版风靡一时，洛阳纸贵。在尝到经典的时代解读、大众化阅读的甜头后，这家百年老店一改往日经典只能束之高阁、只能高昂头颅的认识误区，在经典走向平民化的道路上狂奔不止，从而释放出巨大的活力。

经典的生意也可以让一个学者的生命大放异彩，让一个时代的人们沐浴在经典的辉煌殿堂。

易中天品三国，可谓在新形势下将经典的趣味化、大众化解读推向了一个高潮。十年前他在上海书展签售活动上那人山人海的盛况，至今回想起来也会令人怦然心动。一个沉寂了大半生的历史文化学者，从此声动天下，名闻遐迩。打上时代烙印的平民化、趣味化、形象化的经典解读，成就了一个学者，也让一家出版其作品的出版社度过了一段激情辉煌的岁月。《易中天品三国》等系列作品，一时成为众多粉丝抢购的商品。创造性的解读经典，赋予经典更多时代及个性的内涵，让更多读者沉浸与沐浴在活生生的（而不是僵硬的）经典的殿堂，易中天可谓创造了一个奇迹。

台湾地区的南怀瑾可谓经典解读的时代先锋，他本人也成为经典解读个案中的“经典”。早在上世纪70年代，随着台湾地区经济的飞速发展，人们对文化的内在需求亦与日俱增。文化学者南怀瑾“好雨知时节，当春乃发生”。当他以一种别样的平易近人的演讲方式，向大众解读经典《论语》时，引来如潮的拥趸。智者南怀瑾从此一发不可收，在经典的通俗化、趣味化、平民化的康庄大道上阔步前行。后来他不断将战场移向中国香港、美国（华人社区）、新加坡，乃至在上个世纪末扎根中国大陆，一举兴办太湖大学堂，将他的事业进行到底。南怀瑾的每个点、每个布局都踩得很准，犹如精确制导导弹的发射。在大陆传播国学，他也是适逢其时，追随者不计其数，顶礼膜拜者也不吝将“国学大师”的桂冠加在他的头上。多年来，以他的讲演稿整理的数种出版物畅销不衰，作品版权也成为多家出版机构争夺的对象。

美国学者尼古拉斯·卡尔在新书《浅薄》中指出，古登堡发明的活字印刷术唤醒了人们，深度阅读随之成为普遍流行的阅读习惯，在这种阅读活动中，“寂静是书中含义的一部分，寂静是读者思想的一部分”。今后，随着互联网技术的运用与发展，深度阅读将会持续式微，完全有可能变成规模越来越小的少数知识精英群体的专属活动。换言之，我们将要回归历史的常态。这说明了“深度阅读的时代”或许只是一个短暂的例外。在一个“浅阅读”渐成“常态”的时代，对出版者而言，经典及经典的多样化解读，仍不失为一门好生意。

（本文发表于《出版商务周报》2015年12月15日）

提炼与拓展

1. 经典文本的解读，从未像今天这样遍地开花。从央视《百家讲坛》，到今天某个读书会一年带领读者读多少本经典著作，不一而足。官方推动，民间沸腾，好一派读书盛况！无论怎样，总比将经典垄断、束之高阁来得强。

2. 经典应该是活的，应允许不同时代的人们作出不同的解读，也应该允许不同经历、不同层次的人作出自己的合理解读，切忌人为地划出一个标准，只有一种声音。出版人在这样的时代背景下，应有所作为。

3. 出版的本质应该是经典的出版。立足时代，出版带有时代特征的过去的“经典”，让经典的传播永不绝灭；发现新的经典文本并努力打造，为人类的经典文库再续新篇。出版的本质就是出版经典，以及将可能成为经典的作品。

4. 判断一个时代的阅读水平及品质，就是看它离经典有多远。不读书成为习惯，浅阅读甚嚣尘上，大众娱乐至死，无论如何也不能说这是一个好的阅读时代。

5. 当今的中国社会，在阅读层面呈现两极分化：一部分读者品味极佳，窗前案头摆的都是精品读物，阅读已成为他们的生活习惯；而另一部分则相反。随着经济水平的提高，物质生活的改善，人们开始关注并积极获取有关经典读物的各种信息，崇尚经典之风也在社会层面渐渐养成。曾受万众追捧、红极一时的央视《百家讲坛》节目，就是一个明证。

6. 经典必须富于时代特征，才能走进更多读者的视野。这就要创新经典解读的样式与方法。南京大学的红学教授带领学生研读经典《红楼梦》，开设课程“大嘴说红楼”，其创意别具一格，引起学生极大兴趣，一时成为美谈。经典永不过时，编辑无论何时都可以有所作为。

7. 闫红对《红楼梦》的解读可谓别开生面。一如大观园中的聪明女子，闫红凭借其不凡的天资与灵慧，将生活（尤其是女性的生活）体验充分融入她的“红楼一梦”中。闫红关于红楼的文字早年一“出场”便惊动文坛，很快受到善于并乐于提携后起之秀的文坛大家王蒙的关注。因为出众而敏锐的洞察力与深度的体验力，闫红从事红楼的写作，受到众多女性白领的喜爱与追捧。尤其难能可贵的是，闫红在起步时，在强手如林的文坛，她拥有的“家底”与“资源”并不厚实，甚至较为薄弱，但这些并没有成为她一路向前的阻碍。她的勤奋与天资，最终成就了一个文字老练、表述自如、眼光不俗、大气高雅的优秀经典解读者。

书名煞费思量

给好书取一个好名，犹如给好马配一副好鞍，天作之合，水到渠成，自然会有意想不到的好结果。

说是这么说，做起来却并不容易。放眼书界，琳琅满目，一张张色泽不同、材质不一、做工迥异的封皮，包裹着一个个沉睡在封套里的文字灵魂。书名也是千差万别，大放异彩。以前看过一篇文章，专写市面上的各色书名，作者以批判的眼光，罗列了千奇百怪的书名，一如奇装异服，庸俗、恶俗者不乏其例。更有甚者，商家为博读者眼球，取书名时更是到了赤膊上阵、裸露肌肉、三观尽毁、不顾颜面的程度。

最近看到几个书名，不愧为书界的优秀者、精英者的“杰作”。央视新闻主播郎永淳不知从何时起，成了人们关注的焦点。先是他本人通过努力，事业节节攀升，直至登上了《新闻联播》的高峰。吐字清晰，音质醇厚，是观众的一致好评。后来，传出他爱人生病的消息，传出他如何热爱家庭、体贴病妻的生动感人故事，经媒体传播报道，在广大观众中引起强烈反响。爱妻患病后，他不离不弃，先是精神鼓励、物质支持，身体力行、体贴入微，后是为争取更好的医疗条件送妻子出国治病、争取更好的教育条件送儿子出国念书，而且考虑周全，虽自己一时脱不开身，也要让他们母子在这关键时刻相扶相伴——一个男人应有的责任心可谓渲染得淋漓尽致！这出有些凄美的爱情故事持续发酵，大有感动天下所有男人女人之势。好雨知时节，当春乃发生。一本《爱，永纯》的人物传记横空出世，不知吸引了多少读者的目光！一个事业成功的男人，一个把家庭、爱人、孩子时刻背负在自己肩上的男人，亦成为这个时代的稀缺之物。物以稀为贵，一时洛阳纸贵，便不足为奇了。“剧情”的高潮还在后面：当这本以爱为主题的当代名人传记在各大书城及三大网店热销的时候，一个“坏消息”也是“好消息”传来了，郎永淳已从央视辞职。媒体剖析其辞职的原因是：妻子的病由先期的稳定走向反复，他为了应对这个挑战，选择做妻子抵御疾病、捍卫生命的坚定的后盾！还有一个原因是，虽在“高大上”的央视工作，但那些工资远不能满足妻子高昂的医疗费支出。瞧，高潮涌现：这不是“爱的永纯”是什么？！唉，佩服这本书的运作团队，他们从传主名字那里获得了灵感与启示，做了一件顺天时、合地利、随人和的漂亮事。

同是央视新闻主播的白岩松，最近也推出一本书，叫《白说》。这很有意思。白岩松快人快语，才思敏捷，敢于言说，敢于最大化利用并挑战自己言论权利的边界，冷峻而深刻，激情而理性，从而奠定了他在江湖的“大佬”地位。他从前也出版过一本书，叫《痛并快乐着》。“痛并快乐着”不仅反映了他淋漓尽致的评说，也从某种意义上触碰到了那个时代很多人的“痛点”。书名这几个字，也成为一时人们街谈巷议的话题。如今，在这个以多媒体、新技术为背景的众声喧哗的时代，人人似乎都有了“话语权”，人人都可以成为一个“白岩松”，但限于体制的无奈，很多言说虽浮出水面，却汇入千千万万人言论组成的汪洋大海，依然悄无声息。说白了就是：说了也白说。唉，看似简单的一个书名，又不经意间触碰到这个特定时代的“痛点”！呵呵，这个运作团队，又一次从作者的姓名上找到了“真理”，找到了秘籍，佩服！《白说》既是白岩松“说”，同时又是这个时代无数人的“说”，尽管无甚用处，还得说！

说说体坛个性十足、战绩辉煌的网球名将李娜。对中国体坛来说，李娜可说是一个“另类”，不知从何时起，她一直游走在固有的体制（国家体制）之外，算是一位体坛“个体专业户”，为此她饱受争议。但她没有理会这些，只顾打自己的球，只顾精进自己的球技，只顾与世界强手一争高下。这个意志坚定、勇往直前的刚毅女子，连续创下了多个奇迹，震撼国人，震撼世界，被视为真正的“民族英雄”。在她功成名就之际，出版商推出了她的一部个人传记，记述了她不凡的奋斗历程。苦难与辉煌总是相生相伴，在历经苦难时，她总是自己默默承受，之后又默默“上场”。这部传记的名字叫《独自上场》，与传主的个人经历、命运及个性特质非常契合。你再念念这个书名的几个字，仿佛有一种发自内心的悲壮情怀，一种穿越古今的巨大的悲悯意识油然而生，继而会产生一种力量，一种推动生命车轮隆隆前行的力量！试想在人生的舞台上，我们每个人又何尝不是“独自上场”呢？！

因此，好的书名一定与人的性格、气质相投，与书的灵魂相投，与这个时代的灵魂相投。

（本文发表于《出版商务周报》2016年10月21日新媒体，改名为《起书名：编辑的硬功夫》）

提炼与拓展

1. 取“名字”是一门学问，更显示与考验一个人的智慧。乾隆皇帝下江南，看到苏州狮子林一处亭台楼阁，顿生诗情画意，灵感奔涌，便信手拿起一管大笔泼墨挥毫，于是“真有趣”三个遒劲的大字落在了宣纸上。尽兴之余，龙颜大悦，正陶醉时，一个名叫黄熙的文官为避免如此俗气的御笔流传出去有损皇帝的威严，便下跪请求将其中的“有”字赐予他，乾隆明白他的意图，拿起笔将“有”字从中圈除了。“真趣”顿显格调与风雅，后被制成匾额悬挂起来，成为苏州园林一处著名的风景名胜。

2. 取书名不是一件容易的事。既要“讨好”读者，更要“讨好”内容，而我们往往在“讨好”上顾此失彼，从而使一本原来很好的书，错失了流传更广的机会。

出版人的四幅素描

传统出版人中有很多值得一说的人与事，甚至有的值得大书特书。但一时目力所及有限，姑且将眼下进入我视域范围内的四个人物，做几笔素描，或许对今天的出版人有些启发与激励。素描未必精准全面，有挂一漏万之嫌。如有错谬不实之处，还请诸位谅解。

成全别人，成就自己

先说H先生。说H先生，必先说说某某出版社。不知从何时起，一个很不起眼的、本属“老少边穷”地区的“某某出版社”拔地而起，甚至横空出世，网住了很多出版人、文化人的眼睛，也惊呆了无数小伙伴。这个不曾幻想依在“名校”（其实也无“名校”可依）背上吃饭的普通出版社，真是穷人的孩子早当家，任凭那一股子的倔强，硬是开疆拓土，在出版版图的心脏——北京、上海等要塞，扎下了根，而且很快枝繁叶茂，生生不息。先有北京的女将L女士，率先扛起了大旗，凭借一双慧眼和超凡的定力，将“边陲的拓荒精神”发挥得淋漓尽致。随着她一手策划的精品人文图书的迅速崛起，这家出版社屡屡获得知识精英的青睐。尤其是在北京创立的某图书品牌，在学术与大众之间，在传统与现代之间，在知识与启蒙之间，在中国与世界之间，更是架起了一座桥梁。另一品牌的诞生，又将人文精神向前推进了一步，从此，L女士的名字在业界如雷贯耳。如今，某某出版社已然成为众多学者及作家所向往的神圣精神殿堂。在上海的分社经过风雨兼程，也是华章迭起，随着出版虎将L先生的加盟，出版事业也是蒸蒸日上。最近听说，某某出版社在山东济南又开了一家分社，再辟一方疆土。这些战略布局与事业谋篇，用某某出版总社董事长H先生的话来说，就是为那些有梦想、想发展的出版人创造机会与条件，搭建施展才华的舞台。说得多好！在成全别人梦想的同时，实现自己的梦想——这不正是一个真正出版家的胸怀与气度嘛！

冲 浪 高 手

再说说贺圣遂。老贺当社长（改制后为董事长）二十余年，在奠定复旦大学出版社的学术品牌方面，居功至伟。先有早年的《狮城舌战——首届国际大专辩论会纪实与评析》的旋风般开场，揭开他职业生涯的辉煌序幕，后一手策划古典文学名家骆玉明生花妙笔《近二十年文化热点人物述评》，催生一股文化热，再后又重磅推出古典文学大家章培恒、骆玉明的皇皇巨著《中国文学史》（上中下三册），可谓影响深远。等到后来著名学者葛兆光的《中国思想史》几大卷横空出世，老贺在学术出版界的声名也远播四海。后来又有系列厚重精品学术著作《西方史学通史》《中国行政区划通史》等重磅推出。总而言之，老贺执掌复旦社二十余年，传统意义上的精品学术出版，可谓此起彼伏，高潮迭出，精彩纷呈。就在他临近（体制内）出版生涯的尾声，还隆重推出他主导策划的皇皇几十卷《越南汉文燕行文献集成（越南所藏编）》《韩国汉文燕行文献选编》《琉球王国汉文文献集成》等，打开从周边世界看中国的新视野。

老贺是一个天生的冲浪高手，他知道大浪起伏的曼妙。显然，老贺冲的浪是卷帙浩繁的出版之浪、书海之浪，他和他领导下的出版团队携精良厚重的学术产品冲浪，每一次都能激发出冲天的火花，闪耀在业界、学界的天空。业界皆知老贺好酒，而老贺总喜欢与学者大家共饮。人的真性情多半在由酒熏染的氛围中见出，不知不觉中，学者、大家们便把老贺当朋友。老贺的豪气直干云霄，远播千里之外，北方的出版同人一句“他简直不像上海人”的戏谑，便是对老贺的最高评价。老贺爱书，真是爱到骨头里去，除了和作者们在一起谈酒与学问，他多半一个人或在家里或在办公室静静地看书。他似乎什么书都看，胃口驳杂，但这并不影响他的品味。你跟老贺谈书，就好比一个门外汉与一个才高八斗、学富五车，且实战经验过硬的古玩专家论鉴宝，何止是班门论斧！老贺爱书，爱看书，爱出好书。老贺真的懂书！

让“猪”飞起来

华东师大出版社在业界似乎总是走在改革的前列，尤其是若干年前，给人印象是大刀阔斧，风风火火，一时成为业界的热门话题。不论怎样，今天的华师大出版社，已经是出版界的一个重镇。在多年前的一个场合，听社长朱杰人侃侃而谈，他说“一课一练”是他当社长时，“弱小”的出版社的第一桶金的来源。他说当初他要重点打造教辅书，社里反对声不绝于耳。甚至有人说，堂堂大学出版社，怎么能把重点放在那些没有“品位”的中小学教辅上呢？当社长的朱杰人力排众议，当机立断，最终进军这块颇具争议的出版领地。那时正值出版业市场化改革的初期，他的果断决策，可谓顺应了“历史潮流”。这正应了如今互联网时代风行的那句话：站在风口，猪也会飞起来！果真，出版社的销售码洋真的迅速飞上了天，也瞬间将那些故步自封、不思进取、因循守旧的出版社远远地甩在了后面。在攫取了第一桶金之后，华师大出版社积极在学术出版、教育出版等领域迅速扩张，积极与优良的民营出版公司合作，也不失时机地在北京成立分社，发展的步伐一直向前迈进。在积累了丰厚资金之后，社长朱杰人又果断出击楼市，在楼价波动的低谷，决策购买了新大楼——伸大厦的几个层面。这在当时也曾遭遇过反对。现在看来，这个决定可谓“英明”。如今楼价不知道翻了几倍，出版社的资产也不知跟着涨了几倍。总之，正确的决策让“猪”又一次飞升了起来。

“助　产　士”

郭力，可谓是出版界的一名女大将，这个视出版为终身事业的早年北大毕业的50后女性，如今一谈起出版依然表情怡然，精神焕发。还是几年前，我去过她的工作场所，一座显得有些破败但威严、风姿不减当年的大清王爷府，因郭力和她的年轻出版人的驻扎簇拥，而显得生气盎然，活力四溢。她是北京世图的总编辑，抬首举目之间所显现的那份儒雅、恬静、自信与大气，让人瞬间察觉到这个团队让人感动的亲和力、凝聚力乃至战斗力，不是无源之水。在短暂的逗留期间，只见年轻的编辑们与她切磋选题、编务、宣传等诸多事宜时，那种默契中所透露出的“领导者”的鼓励、循循善诱与年轻人的如沐春风、豁然开朗，让一旁的我默默叹服。郭力本是某大学出版社的一员干将，后因大学出版社的局限（选题偏重教材）不能充分实现自己作为一个有追求的出版人的理想，她毅然放弃原来的优厚待遇，来到世图与一帮年轻人“创业”，一切从头开始。起初几年，他们也不知道方向在哪，目标在哪，道路在哪，只能投石问路。在经过一番试错之后，她率领的编辑团队，终于在出版的领域浮出水面。如今，语言、心理、历史文化等几条清晰的出版路线，已深深地印刻上她和她的团队的足迹。以《偏执狂——疯子创造历史》为代表的“世图心理大师系列图书”（已出版数十本），已成气候，多种好书也纷纷登上各类图书排行榜。半年前他们推出的记述与回忆上世纪那个特殊年代兵团生活的《生命中的兵团》（上下册）一书，在社会上引起巨大反响，在北京、上海、杭州、哈尔滨等地所举办的作者演讲签售活动场场爆满，掀起一股新的怀旧、追忆与反思历史的浪潮。

郭力常跟人谈出版人要有情怀。她近期着力推出作者朱维毅的《生命中的兵团》和《二战老兵回忆录》（作者利用长期在欧洲留学工作的机会，亲赴各地对二战老兵进行采访，作口述实录），很好地诠释了她的历史情怀和人文关怀。

提炼与拓展

出版界的“牛人”很多，他们都通过自己的努力，在各自的舞台上大显身手，创造了属于他们及他们那个时代的辉煌。本打算写一个系列的，一直要写下去，把那些在出版业做出过贡献的人们身上所具有的“特质”“异质”都如此这般简洁地描画一遍，以供后来者借鉴与参照，但限于精力与时间搁下了，不能不说是一种大的遗憾。

本文写于六七年前，所写的这四个出版人，也仅仅是“素描”，随意勾勒几笔，不成全貌，难免挂一漏万。

这些出版人身上所表现出的“特质”“异质”，值得我们尤其是出版业的后来者学习。

书中乾坤与我们的世界

传统出版人，路在何方

城市化运动中的乡村命运

钟扬：时代的精神镜像

有些道理还是要尽早告诉孩子

传统出版人，路在何方

新媒体技术的迅猛发展，搅动着传统纸质图书出版的一泓春水。大浪淘沙，泥沙俱下，昔日的堡垒已经面目全非。不少传统图书出版人为着心中的理想仍坚守阵地，也有很多出版人身陷困惑与迷茫，被一种巨大的无力感纠缠着，不知路在何方。

有道是：山重水复疑无路，柳暗花明又一村。事实是，摆在我们面前的路仍有千条万条，只要愿意，我们都可以走出一条充满生机的阳光大道。

下面我举几个出版人的例子。

贺雄飞曾是出版界的一匹黑马。他一二十年来的人生轨迹，随着中国出版业的变幻、动荡而起伏。早在上世纪90年代，他因策划“草原部落”丛书，搅动了中国出版界与思想界，可谓叱咤风云。就在他的事业如日中天的时候，他突然“消失”了，他转换了身份，由一个出版人变为一个犹太文化学者，开始了著书立说的生涯。一二十年来，他虽然间或也搞些出版（出版的大多也是犹太文化方面的著作），但更多的是以一位犹太文化学者的身份参与社会活动。随着“转型”的深入，如今，他已出版犹太文化专著数十本，做过相关讲座上百场，俨然成为犹太文化的传播使者。因为他的“贡献”，曾被邀请亲赴以色列考察交流，并获得官方资助。如今，他抓住机遇，在北京创立了“以色列创新研究院”并任院长，专门经营“思想的生意”，呼应中国大众创业、万众创新的时代潮流。他先后组织了多批中国年轻的企业家到访以色列，学习和借鉴犹太人的创新智慧。他也把以色列的教育专家引进到中国来，让以色列先进的教育理念触动中国的教育改革。他的事业红红火火，昭示了一个出版人的成功蜕变。

“凤凰联动”这个名字在出版界响亮已久。他们推出的那些超级畅销书，曾让那些一贯在体制里洋洋自得并过稳了日子的“出版家”们坐立不安。前两年他们推出了“求医不如求己”“只有医生知道”系列畅销书，单一个系列销量就在短短几年内突破了1500万册！这是一个什么概念？有些出版社一二十年销售的图书总数恐怕还不到这个数吧？！这样的奇迹，完全可能颠覆中国图书出版营销史。这些年来，困扰着众多图书出版人的问题是，纸质图书销售连连下滑，销售额节节败退，但人家是怎么实现逆袭的，招数在哪，肯定值得自诩为“出版家”“资深出版人”的人们去研究。在我看来，当家人张小波的成功，在于他的惊人“创意”。他是诗人出身，那股子灵动的气质与奇诡的想象让他从业界脱颖而出。而这一切，正是厕身在体制内的出版人所不具备的。朝九晚五的“体制”消磨了人的激情与思想的“野性”，创造力也就日益枯竭，而这对于本属于“创意产业”范畴的中国出版业，无疑是一种灾难。

如果多些出版人具备了张小波式的灵动气质与思想的“野性”，所谓传统图书出版人的“出路问题”，就是一个伪命题。

在纸质图书的汪洋大海里“兴风作浪”后，他们也应时而变，因势而动，利用强大的资本积累与好的文本发掘优势，开始介入影视界，并在首战成功尝到甜头后，继续在图书、影视剧改编、投拍电影的“IP”道路上一路前行，以一个“出版人”的身份与影视界投资大佬们共同分享票房的丰厚收益。

出版界的新生代代表之一金马洛，如今也完成了一个转变。他从以往效力过的新经典、磨铁等著名公司跳脱出来，成立了属于自己的“读蜜文化传媒”公司。在积累丰富经验的文学出版方面，他们选择主打小说出版市场，并将对作家的“管理制”（而不是通常一般的、简单的版权“代理制”）引入出版理念。目前他们已经签约好几位有潜力的作家，全方位、长期稳定、无缝合作、实现双赢的作者与出版人之间的这种“亲密”关系，也将给他们带来新的挑战、机遇与希望。

以上是有关传统图书出版人的例子。下面的例子，尽管不是严格意义上的图书出版人所为，但也会对我们寻求“新的出路”有所启发。

一两年前，一个叫“绘本学堂”的微信公众号悄然诞生。如今它的用户已发展到近10万人。这个微信号主打亲子阅读，尤其是亲子绘本阅读。近十年来，随着国外众多优秀的儿童绘本被引进到国内市场，一下子提升了妈妈们的阅读品位与鉴赏能力，也培养和吸引了众多的绘本粉丝，从而在社会上形成了“绘本热”乃至刮起了强大的“绘本旋风”。在绘本阅读需求旺盛的时候，如何引导妈妈们乃至幼儿园老师们学会甄别优秀绘本、把最好的推荐给孩子们，如何根据孩子的不同年龄段分类指导阅读，就是摆在现实面前急需解决的问题。在这种背景下，“绘本学堂”应运而生。他们不断推出这方面的优秀原创作品（也有转发），而且还不断举行线下地面活动。网上网下互动的效应，积聚了大量忠实的目标读者。

我来随意列举一些他们微信公号近期推送的文章。如《三分钟，你来决定孩子的“阅读未来”》《听首席记者妈妈分享阅读启蒙绝招，就在今晚！》《史上最火绘本人文美育课，今晚八点开讲啦！（附美育书单）》《这些家庭是怎样越读越美丽的？》《家庭生物钟没调好，怎能养出好孩子？》《小学三个阶段，心理特征差别好大！（迟早会用到）》《为儿女焦虑的根源，原来竟是这个原因……》《医生妈妈：我这样搞定孩子感冒（手绘图解）》《11月国际童书展，三天玩什么？（剧透啦）》《人生最大的捷径，是读一流的书》《绘本教育的下一个“金矿”是什么？2015全国绘本课程实战工作坊来了！》《9条关于孩子阅读的颠覆性观点》《1—6岁儿童管教指南》等等。从这些推送文章来看，涉及的面很广，有儿童美育、儿童阅读习惯培养、家庭氛围建设、绘本教育、儿童心理健康、儿童管教、实用生活指导等。虽然主题由主打的绘本阅读指导、美育及绘本教育开始向外扩散，但都一律紧扣同一阅读主体即幼儿妈妈与幼儿园老师（也包括相关研究者）。“主题”与“主体”之间的黏性，最终成就了“绘本学堂”这一微信公众号。

接下来可做的事情就多了，“出路”也就不用愁了。最近，他们利用“绘本学堂”推出一门培训课，课时5节，每位收费1600元，结果很短时间就有近200人报名缴费，一门课就进账二三十万元人民币。

（本文发表于《出版商务周报》2015年11月22日）

提炼与拓展

1. 社会变化发展之快，新技术带来的革命性改变，让许多业界人士始料未及。一些先锋人士，能抓住机遇，实现蜕变，一跃而成为新领域的翘楚，令人欣慰。总有些出版人能立于潮头，追风逐浪，给业内同行以鼓舞与适应变化的勇气。
2. 但不是所有的“下海者”“吃螃蟹的人”都有如此好运，有的也会成为时代变革的牺牲品。但既勇于尝试，也就无怨无悔。

城市化运动中的乡村命运

2015年春节前后，一篇《近年情更怯——一个博士生的返乡笔记》的演讲稿在网上迅速蹿红，微信阅读、转发量惊人，随之上海大学博士生王磊光及其处于大别山一隅的家乡成为舆论关注的焦点。2016年春节前后，澎湃新闻、《人民日报》等媒体就“返乡笔记”引起轰动一年后博士生及家乡的变动情况，又一次进行了深入报道，即刻又引发强烈反响。可以说，“一个博士生的返乡笔记”跨时两年，搅动了无数返乡学子的不尽“乡愁”。

近几年，每次返乡过年，都有“文化人”（学者、作家等）记述与描写生于斯长于斯的家乡面貌，尤其是中国城市化运动中的家乡变化，多成为他们记录、描摹的重点。在这众多的作品中，为何独有博士生王磊光的这篇演讲稿流行起来？这不能不引起编者的注意。

在《近年情更怯》这篇演讲稿中，作者从各个不同侧面呈现了“他眼中”的家乡境况与人情冷暖，内容涉及村民的住房、外出打工的父母与子女之间的感情、回家的交通状况、留守老人与子女之间的情感联系、乡村葬礼、春节带来的“力量”以及知识在乡村所表现出的“无力感”等很多方面，行文间洋溢着作者热爱家乡一草一木的浓郁而真挚的情感。而正因为如此，也激发了很多读者一直隐藏在内心深处的对自己家乡的那种纯真朴素的爱。《呼喊在风中——一个博士生的返乡笔记》延续了作者的这种写作风格，字里行间那种悲天悯人的情怀呼之欲出。《我们将无路可走》《表哥的亲事》《活着活着就走了》等篇可谓振聋发聩，直击我们内心最柔软的地方。爱之深，痛之切，在作者的笔下，城市化运动大背景下乡村暴露出的诸多问题，也就更容易引发读者的共鸣与思考。

如上所述，作者在这本书里记述与反映家乡的内容很多，牵涉的面也较广泛。有记述亲人及乡村不同职业者不幸之命运的，有反映家乡经济发展及乡村创业者所遇到的困惑与难题的，有反映整个乡村颓败及乡村人们精神取向与心理结构的，有依据实际调查从历史、文化层面探讨乡村治理结构及未来发展趋势的，等等。这些内容乍看起来庞杂、无序，没有什么逻辑关联，但从庞杂、琐碎中我们依稀可以看出作者的努力。一个叫雷蒙·威廉斯的西方文化学者给“文化”下过一个定义：“文化是整体的生活方式。”作者王磊光作为一名文化学专业的博士研究生，正是依据这样的视角，试图通过自己的点滴记录与事无巨细的采撷、描摹与勾勒，全方位地呈现他所处的或他眼中的家乡整体的“存在方式”，而这些也都构成他的家乡人们“生活方式”的全貌，从而为当下中国社会文化发展刮开一个“切面”，为探究者及后来的研究者提供一个活生生的时代文化样本。正因为作者秉持这一“文化”视角，从而将他的这种努力及其成果（这本书）与其他题材相同的“作品”区分开来。

有意思的是，作者的文化学博士生导师王晓明教授，是一位密切关注现实、颇接地气的著名学者。在上世纪末中国市场经济如火如荼、人的精神价值迷失的年代，他和其他几位人文学者发起的“人文精神大讨论”可谓切中时弊，在中华大地引起巨大反响。十年前，他只身从繁华的大都市潜入本书作者的家乡（L县）进行实地乡村调查，后来写成万字长文《L县见闻》予以发表，对早期中国城市化运动中的乡村变革及命运给予强烈关注。如今，他的观察与研究后继有人，而且直接来自他曾经作为标本考察并研究过的大别山深处的L县。《呼喊在风中——一个博士生的返乡笔记》在附录中收录了作者导师王晓明教授的《L县见闻》，真可谓：两代学人，相隔十年，聚焦一处，耐人寻味！

作者在本书序言中引用阿富汗贫民营中一个士兵对伟大的女作家多丽丝·莱辛所说的一句话：“我们大声呼喊向你寻求帮助，但风把我们的话吹走了。” 本书书名受此启发，但我们不希望作者的努力化作这样的一缕清风。

（本文应《中华读书报》第26届书博会“名编荐书”专刊之邀而作，发表于2016年7月27日）

提炼与拓展

1. 前几年，每逢传统的春节来临，有关“乡愁”的文字总会在互联网上广为传播，受到众人追捧。而当中的翘楚者，当数一个在上海就读、名叫王磊光的“博士生”写自己家乡的朴实文字。
2. 追溯源头，起初是王磊光博士在一个学术会议上的发言，引起关注，后在网上传播开来。其真情实感打动读者，个性化的故事描述吸引读者，亲身的经历及深刻体验让读者产生共鸣，加上作者学术的眼光与方法、象牙塔的光环以及导师及周围学术同仁的关爱与推荐等等这一切，最终造就了“一个博士生的返乡笔记”成为风靡一时的文化现象。
3. 改革开放40年，中国经济的飞速发展虽然缩小了城乡之间的差距，但有些地方的农村（如作者家乡所在的大别山区农村）在城市化发展中出现了各种新的问题亟待解决，这些问题，在高度发达的城市文明背景下显得尤其突出。巨大的反差，强烈地震动着从城市返回家乡的学子及众多务工者的内心。
4. “我们需要什么样的城市化？”等等一系列问题摆在我们的面前，为学者、编辑提供了研究的领地与现实的选题。

钟扬：时代的精神镜像

钟扬的离去，引起社会广泛关注。在西藏坚守16年，采集种子4000多万颗，短短的一生有那么多的成就，我被他的事迹深深感染乃至震撼。尤其他身上所具有的某些精神特质，如梦想高远、胸怀坦荡、淡泊名利、无私奉献、家国情怀等，已离当今社会的“我们”很遥远，甚至已经为“我们”所丢弃。钟扬的“横空出世”，像是一颗升空的炸弹，瞬间让整个天空通红发亮，以至“我们”发出异常的惊呼。“我们”也像是找回了遗失很久的宝物那般躁动与兴奋。

钟扬的“存在”确乎如同一面镜子，照出了“我们”的“苟且”“粗鄙”与“庸俗”。正因为“小我”的普遍存在已经成为“主流”与“时尚”，所以，懂得他的人才带着几许隐约的心灵期盼与敬畏如此评价道：“他是我们这个时代稀缺的那种人！”

"稀缺的"才是珍贵的。在钟扬去世后，社会各界人士纷纷自发地举行悼念活动。光是院士级的科学家，为他"站台"的就有四五位，他们或纷纷发表长篇纪念文章或演讲报告，回忆他的曾经与过往，或是身陷悲伤、痛定思痛，撰写挽联缅怀他的卓越与不凡。昔日的领导、同事、同行、友人、学生、亲属等几乎与他交往过的所有人士，都通过各种方式一倾对他的浓浓不舍之情。国内几乎所有的重要媒体对他的事迹都做过报道，而且一波接着一波，一浪高过一浪。

从我第一时间被他的事迹感染、震撼的那一刻起，我就有了策划一本"关于钟扬的书"的冲动。因为出这样的一本书，可以让"我们"从他身上汲取巨大的人生"能量"，可以让汲汲于个人名利的时代之流有所改变，可以让陷于"小我"沼泽并为之所困的"我们"，抬一抬头看看辽远的"天空"，望一望云海之中蓝色的"月亮"，放眼更具诱惑力的"诗与远方"。总之，重温"大我"之于人生的无穷魅力，是策划这本书的内在动因。在与社领导及相关同事商量后，我们便开始了这个计划。

我们发现，钟扬有别于一般"时代之子"之处在于，他身上的"闪光点"很多，或者说，他在很多领域都有显著作为与建树。而这些，已大多被媒体所披露，若是仅仅着眼于事迹的陈述已无太多出版价值。若是以文学的手法，深入挖掘人物内心世界，探寻人物生命进程的内在逻辑与心灵轨迹，那将是一件很有意义的事，这也可能会让更多的普通读者所喜爱。因此，物色一位合适的作者很重要。

首先，这样的作者对钟扬要有敬仰之情，要对他的人生追求及价值观有强烈的共鸣。这也是作者写作的精神动力之源。其次，作者要有开阔的眼界及深切的人文关怀与科学素养，只有这样，才能与写作对象在“品格”上对等，最终才可能出精品；第三，作者要有丰富的写作经验。据此，我们找到了复旦中文系的作家梁永安教授，从他的背景看，基本满足了我们的想象。

书名取《那朵盛开的藏波罗花——钟扬小传》是为了突出作者的精神特质。钟扬最喜欢的一首藏族民歌唱道：“世上多少玲珑的花儿，出没于雕梁画栋；唯有那孤傲的藏波罗花，在高山砾石间绽放。”是的，钟扬就是那朵永远盛开在高山砾石间的藏波罗花，深深扎根，顽强绽放。

“一个基因可以拯救一个国家，一粒种子可以造福万千苍生”。钟扬把一生都献给了科学事业，他是学生眼中的良师益友，他是同事心目中的“追梦者”，他的人生达到了令人仰望的生命高度。“不是杰出者善梦，而是善梦者才杰出”，钟扬以他自己对梦想的执着追求，为我们留下了极其珍贵的精神财富。本书为复旦大学著名学者、作家梁永安亲笔撰写的钟扬人生小传。作者参阅大量材料，并作亲身考察，从16个侧面，为我们勾勒了一幅钟扬的人生画卷——清晰、丰富、厚重、鲜活，钟扬的音容笑貌与博大情怀跃然纸上……

（本文应《中华读书报》第28届书博会“名编荐书”专刊之邀而作，发表于2018年7月18日）

提炼与拓展

1. 2017年9月25日，钟扬在内蒙古讲学返程途中突遇车祸离世，年仅52岁。我经媒体报道得知了他的事迹，深深被感动，决定为他出一本书：人物传记。
2. 人活着就是一个精神，尤其是有理想、有目标地活着，为理想为目标不停地努力奋斗，钟扬堪称我们人生的榜样。他在科研、科普、著书立说、翻译、研究生院管理工作等多个领域都有不凡建树，了不起！
3. 他惜时如金，工作拼命，他把更大的理想与抱负寄托、放飞在自然条件艰苦、恶劣的青藏高原上。他在上海与西藏、工作与理想中试图找到一种平衡。为此，他付出了巨大的代价而不悔。
4. 他是我们这个时代稀缺的那种人！没错，稀缺的才是更加珍贵的。

有些道理还是要尽早告诉孩子

“人人都有做父母的资格，但未必人人都可胜任愉快。”

读到《我跟孩子讲道理》一书作者的这句话，我先是为之一怔，继而产生共鸣。确实，天下为父母者众，但能“胜任”的恐怕不多，而能“胜任”又“愉快”的，恐怕就更少了。而细读这本书，我愈加确定，作者作为一位父亲（父母），他既是“有资格”的，也是“可胜任”与“愉快”的。

举重若轻的文笔所散佚的心智氛围，拿捏有度，收放自如；而主题章节（《一生之计》《珍重生命》《成败之间》《亲子时光》《会飞的秘诀》等）设置错落有致，则清晰地表达了作者教育引导孩子健康成长的要领、步骤与人格构建互相影响的各个层面。全书洋洋数万言，一气呵成，则更是坦呈了一位睿智父亲教育孩子的一份笃定、沉着与自信。从生命教育到人格发展，从人生迷思到日常琐事，从亲子时光到放飞梦想，等等，凡是有关孩子成长的重要之处均有所涉及，可谓面面俱到——一位用心之诚、用心良苦的卓越父亲的伟岸形象，便跃然纸上了！

作者给孩子讲道理，不是纸上谈兵，总是在与孩子（伊美）的互动中不失时机地加以诱发、引导。道理讲得不枯燥，不抽象，有血有肉，有虚有实，有远有近，有起有伏，确实功夫不浅，非有智有谋、有胆有识（用今天的话来说即：有种有料）而不能为。比如《生命只宜轻放》一篇。我们知道，做父母的，都会让自己的孩子珍视生命，而作者善于“就地取材”，用身边患抑郁症或是贪杯朋友的不幸离世及时刻发生在我们身边的各种天灾人祸，对孩子上了一堂极其精彩而富有成效的生命教育课，不仅启发孩子“很多时候，生命比薄胎瓷器更容易破碎”，因此要倍加珍视自己的生命；还启发为人父母的读者，要像对待“薄胎瓷器”那样“小心翼翼”地对待孩子，因为“孩子的安全意识远比成年人淡薄，他们犹如小鹿在危机四伏的丛林中穿行，更需要父母的呵护和指引，有时，一个微小的疏忽就会酿成悲剧”。

作者还善用自己的特长（学者、作家），对孩子因势利导。在涉及对孩子进行“挫折”教育时，作者的一篇《没有人能够一帆风顺》，把“道理”讲得了然通透。作者认为“新世纪出生的这一代人从小衣食无忧，多媒体提供的娱乐花样层出不穷，父母的呵护无微不至，他们对于挫折完全陌生。好在历史故事是现成的，她（伊美，作者女儿）喜欢听我讲述”。作者为了告诉孩子（伊美）“没有人能够一帆风顺”的道理，讲了好几个生动可信的故事。这些故事，有关于西班牙航船博物馆里陈列的大大小小著名帆船坎坷经历的，有关于比尔·盖茨艰苦创业的，有关于伟人华盛顿和拿破仑的。尤其是作者讲的刘邦与项羽的故事，更具代表性。这里不妨摘录一段：

> 大大小小的挫折能使勇敢的人愈挫愈奋，也能使聪明的人愈挫愈精。不顺利很可能是好事多磨。楚汉相争时，刘邦与项羽打了一百仗，输了九十九仗，有一回他仓皇逃命，竟将儿女和妻子推下严重超载的马车。但刘邦打赢了最为关键的战役——垓下之战，这就足够了。以拳击赛来打比方，单论点数，项羽领先太多，若论KO（击倒），刘邦一举胜出。项羽在乌江自杀身亡，刘邦逐鹿得鹿，问鼎得鼎，是个合理的结局。

让孩子读书，多读书，乃至养成读书的习惯，为人父母责无旁贷。作为父亲的作者，作为一个出身名门（早年北大高材生）、著述等身的优秀作家与学者，在引领孩子读书方面，似乎更有发言权。在《读书莫贪多》一文中，作者旗帜鲜明地提出“读书莫贪多，贪多嚼不烂”。作者甚至反对读书“多多益善”。“遇人不淑，有害；遇书不淑，同样有害”。作者文中指出：中国历代不乏读书多而最终读成脑残和废纸篓的书呆子，他们既缺乏鲜活的思想，又缺乏判断力、行动力和创造力。中国也不乏饱读诗书而行若狗彘的伪君子。关于孩子要读什么书、读多少书，作者更是一针见血：

> 读书人贵在博观约取，不做收割机，只做榨汁机。可以说，一生阅读数十部明心见性、沥胆披肝的好书就足敷所用了，一部《圣经》做好人，半部《论语》治天下，是有道理的；但也可以说，一生读几万册不搭调、不靠谱的烂书，仍然会不着边际，甚至满脑袋糨糊。

提炼与拓展

作家王开林出书很多，大多属文史类。阅读积累广博、深厚，加上作家本人在育儿方面颇有心得，便有了这本书的诞生。书中的“道理”不都是说教式的灌输，而是利用各种机缘巧合“巧妙”地加以引导、启发，让孩子在“生活情境”中加以理解、消化与吸收。教育的“生活化”“常态化”“情景化”，是该书的最大特色。

后　记

这本小册子付梓之际，内心有丝许感慨。

从业二十余年，转瞬即逝，而能留下的则少之又少，无论是做过的事，还是编过的书。现在想来，十分惭愧。好在希望还在，信念还在，继续前行的召唤还在。但愿不再辜负将来的美好时光。

人的一生，有阳光明照大地的时候，也有风雨如晦、江山黯然的桥段。编辑的生命之歌里有激越高昂的旋律，也有低沉回荡的乐章。每想起那些充满温情、关爱的时刻，我总会热泪盈眶。人间除了现实的利益计较，更有超越现实功利的“柔软”的力量。而正是这些真的、善的、美的东西的存在，才支撑着我一路前行。

首先感谢《中国出版传媒商报》《出版商务周报》《编辑之友》《编辑学刊》及编辑出版专业门户网站——百道网等出版界同人，是他们敦促我在工作之余写出了一篇篇小文，从而得以在今日结集出版。

借此机会，我要特别感谢这么多年来默默支持我工作并不断给予我激励的学者、专家、作家们，正是因为他们的勤奋努力，不仅为社会创造了精神财富，也从另一个意义上塑造了我、改变了我、提升了我。

感谢我所在的复旦大学出版社的领导与同事们，是他们给了我无尽的宽容与帮助，让我有了安身立命之所，也有了这次出版拙著的机遇。

我还要感谢本书的编辑岑品杰、刘西越，他们为拙著的编辑、出版各自付出了艰辛的劳动。岑品杰功力深厚，做事认真，后辈翘楚；刘西越虽是一位编辑“新手”，但编起书来极其投入，心无旁骛。我能看出她对“编辑”工作的热爱。

行文的最后，我尤其要感谢我的妻子，没有她的督促与“批评教育”，没有她的“正能量”熏染，就不会有我这本小书的诞生。

2019年8月8日

○ 附录：本人策划编辑的部分图书简介

潜规则——中国历史中的真实游戏（修订版）

吴思先生所著《潜规则——中国历史中的真实游戏》初版于2001年。在正式出版以前，曾在《上海文学》上刊载。在这部以历史为解读对象的著作中，作者以亦雅亦俗、亦庄亦谐的写作方式，叙述了历史上值得人们思考的大大小小的无数案例，在生动、有趣地讲述官场故事的同时，作者透过历史表象，揭示出隐藏在正式规则之下、实际上支配着社会运行的不成文的规矩，并将其名之曰“潜规则”，进而指出潜规则的产生在于现实的利害计算与趋利避害。书中对于潜规则的定义、特征，潜规则阴影下皇帝、官员、百姓的不同处境与抉择，潜规则盛行的社会土壤，以及潜规则何时会萎缩，均有论述。潜规则现象产生、盛行于我国的封建社会，但它一时还难以消失，只有加强社会主义民主，健全社会主义法制，才能最后根除潜规则。

《潜规则》一书问世之后，海内外产生广泛影响。最近作者对该书作了补充、修订，使其内容更丰富，观点更明确，值得一读。为此，我社征得吴思先生同意，正式出版《潜规则——中国历史中的真实游戏》修订版，冀望给人以启迪。（出版说明为复旦大学出版社前总编辑高若海先生所撰）

精装版《潜规则》，让人“心开目明”

吴思在精装版《潜规则——中国历史中的真实游戏》的扉页上特地题了四个醒目的大字：心开目明。这四个大字正揭示了作为历史学家的他潜心研究历史“潜规则”的深意。不仅他自己因此而豁然开朗、心开目明，广大读者因他的惊人发现，也有了洞见那包裹在重重迷雾之中历史“真相”的契机。

同样在研究中国历史，同样取得了非凡的成就，但与历史学家黄仁宇相比，吴思自信地说：“我比黄仁宇看得透。”在《万历十五年》里，黄仁宇指出，明代社会绝不是按照公开宣称的所谓正式规范运作的，冠冕堂皇的道德法令大体上只是说说而已。但到底按照什么规则运行，他却没能点透，更没有分析其形成机制。黄仁宇绕来绕去一直想说的，正是后来吴思所发现并命名的“潜规则”。黄仁宇确实抓住了要害，却没能把这个要害揪到亮处。“（黄仁宇）把水烧到九十度，但差一把火，没到沸点。”（吴思语）

编辑推荐：

一位哲学家说过，语言走多远，我们的思想就能走多远；语言的边界，就是思维的边界；语言停止的地方，就是我们的思维停止的地方。吴思善于发明新概念——潜规则、血酬定律、官家主义、元规则、血酬史观等等，体现了一种巨大的文化创造力。他的这种努力，大大扩展了我们原有的视野与思维，令人耳目一新。

在这本书里，吴思试图用一种新的方式、用一种新的概念体系，全面理解并系统阐释中国历史，从而建立起一种新的对历史和社会的解释范式。用吴思的话来说就是：

> 潜规则、血酬定律、官家主义、元规则——暴力最强者说了算，等这些看清楚了，你再看历史，就跟庖丁解牛似的，目无全牛，都是关节，一刀下去，哗啦就开。

因此，要看清中国历史，不人云亦云，不能不深入吴思的内心世界和他的作品。

作者简介：

吴思，1957年出生，北京人，插过队下过乡。中国人民大学毕业后，在《农民日报》社做记者多年，积累了丰富的基层工作经验。长期专注于中国历史问题研究。现供职于《炎黄春秋》杂志社，任总编辑。

我想重新解释历史

——吴思访谈录

作者经过长期的研究与探索，试图构建一种不同以往的、新的分析与解释中国历史的框架。本书得以充分展示作者的这种努力。

作者整理、编排多年来媒体访谈录近30篇，并按内容及内在的逻辑顺序将其分为五个板块：第一板块“概念与框架：创造理论好比盖房子”揭示作者构建整个思想体系的理论基础及基本概念，这些概念包括元规则、潜规则、血酬定律、官家主义及血酬史观等；第二部分“研究方法：读史好比看下棋”着重介绍与阐释作者长期研究历史的方法；第三部分“观念版图的融合”借对传统儒家价值观及老子的潜心研究，深入阐明自己的历史观与方法论；第四部分“从历史看现实”，通过对现实社会中发生的黑窑事件、黑社会、官职交易的“历史解读”，进一步发表自己的立场与观点；第五部分“个人经历与研究兴趣”则回顾自己的亲身经历及研究兴趣，交代作者长期从事理论研究的历史渊源。五个板块的内容浑然一体，环环相扣，构成一个整体，体现作者独特而丰富的精神世界及其魅力。

微阅读大系·林贤治作品

一部记忆之书 一部沉思之书

一部激越之书 一部忧伤之书

“微阅读大系”推出林贤治三十年创作自选精华本，六卷（精装），包括《盗火者》《远去的人》《她们》《世

纪流向》《文学与自由》《书的身世》。既有对20世纪影响中国历史进程的两大事件（辛亥革命、五四运动）的沉思、回溯，又有对专制集权制度的批判及对自由文学、独立思想的渴望；既有对人类历史上（尤其是近现代）那些为了公众利益甘愿付出的“英雄”的崇敬仰慕，又有对杰出女性的讴歌赞美，有对逝去的师友及父亲的绵绵追忆……

林贤治坚持平民主义立场，立足当下而取道迂远，笔涉政治、历史、文化、哲学和文学，行走于边缘地带。他习惯于使用随笔，据说因为文体自由，宜于思想的发挥，便于释愤抒情。他对语言的质地十分讲究，凝练、锋利、柔韧，作品糅合了政论、史著、杂感与诗的特点，富于理想主义、道义感、介入的激情，表现为一种深沉而激越的风格。

“王开林晚清民国人物系列”

“王开林晚清民国人物系列”包括《狂人》《高僧》《隐士》《大师》《先生》《裱糊匠》六卷本，洋洋洒洒、气势恢宏地呈现了在中国“千年之未有变局”的大时代背景下，龚自珍、辜鸿铭、章太炎、黄侃、刘文典、梁漱溟、康有为、刘师培、周作人、

冯友兰、王闿运、叶德辉、弘一法师、曼殊上人、王国维、梁启超、陈寅恪、吴宓、蔡元培、马寅初、傅斯年、罗家伦、魏源、李鸿章、张之洞等近三十位文化名人的精神特质与心灵追寻。他们或为时代狂人，张扬自由个性；或为国学大师，才华横溢名满天下；或为名士高僧，成一代知识分子的精神楷模……图强求存、新旧聚变、风云变幻的时代，他们的精神信念、人生追求、嬉笑怒骂、命运沉浮，构成了一部活生生的中国近代知识分子的人生画卷。

这些人物性格迥异，风姿万千，历史烟尘的深处隐藏着他们华丽绚烂的背影。时至今日，他们的命运或许还是你的命运，他们的挣扎或许还是你的挣扎，他们的歌哭或许还是你的歌哭，他们的梦想或许还是你的梦想。他们不曾远离……

晚清民国的三十三个奇人

时代狂人　国学大师　高僧名士

自由张扬的个性　嬉笑怒骂的人生

龚自珍　辜鸿铭　章太炎　黄　侃

刘文典　梁漱溟　康有为　杨　度

刘师培　周作人　冯友兰　何绍基

王闿运　易顺鼎　叶德辉　弘一法师

八指头陀　曼殊上人　王国维　赵元任

梁启超　陈寅恪　吴　宓　蔡元培

梅贻琦　蒋梦麟　马寅初　傅斯年

罗家伦　魏　源　郭嵩焘　李鸿章　张之洞

生还是死，幻还是灭，有为还是无为，入世还是出世……社会剧烈变动中的知识分子群像。

隐权力2——中国传统社会的运行游戏

本书重点考察了亚权力集团（如粮胥、狱吏）、传统士绅、近代绅商、民间宗教、帮会势力、伶人、苦力等社会群体的“非正式权力”，以及其与官府的正式权力之间的互动关系，并以此勾勒出中国传统社会的运作逻辑。

本书的第一辑，主要考察寄生在权力链条上的有权者对无权者的盘剥；第二辑主要考察士绅群体与官府、官员之间的博弈；第三辑主要考察晚清绅商、一般商人与权力者的关系；第四辑主要考察官府对民间“神的代理人”的态度；第五辑则主要涉及对社会边缘、下层群体与官方关系的观察。

学者推荐词：

“潜规则”描述了互动中的无形边界，“隐权力”描述了互动主体的无形力量。“隐权力”这个概念，可以帮助我们理解许多社会现象，无论在官场还是在江湖。

“潜规则”概念之父、《炎黄春秋》杂志主编吴思

与前一本著作相比，本书对传统中国源远流长而广泛的社会自治组织和运转情况，进行了有趣而深入的探讨，尤其是揭示了绅士群体的正面作用——作者赋于了“隐权力”以积极意义。这本书会让你重新思考自己关于中国传统的成见，更为理性地构想在中国建设自治社会的路径。

九鼎公共事务研究所研究员秋风

走社会科学的路径，研究历史，而且制造新名词，这是吴思的研究路径。吴思之后，又有吴钩。话说得明白，理讲得透彻。“潜规则”无独有偶，“隐权力”也许不久将风靡于世。

中国人民大学政治学系教授张鸣

中国社会的全部，除了凸显的主流社会外，一定还有一个隐蔽的社会。这个隐蔽的社会一定还有着自己的社会规则、行为准则，一定还有与凸显的主流社会不一样的隐蔽权力。吴钩先生所研究的是一个我们过去不曾知道，或者说知道得不太清楚的隐蔽社会。只有将一个凸显的主流社会和一个隐蔽的社会结合起来，才能看清中国社会的过去、现在与未来。这也正是吴钩先生《隐权力》的价值和意义所在。

中国社科院近代史所研究员马勇

作者简介：

吴钩，历史研究者，主要关注领域为明清时段的政制与社会生活，习惯以社会学与政治学为分析工具，对正史野稗、前人笔记所记录的明清社会、官场细节及其背后隐秘进行梳理分析。在《博览群书》《书屋》《社会科学论坛》、香港中文大学《二十一世纪》等刊物发表有多篇历史社会学随笔，著有《隐权力：中国历史弈局的幕后推力》（云南人民出版社，2010年2月）。

对抗语文

——让孩子读到世界上最好的文字（修订版）

古有神农尝百草，今有叶开品百书

本书作者叶开为著名语文教育专家，文学博士，也是一位有着强烈责任感的父亲。作者通过一个个具体案例，直指当下语文教育理念的落后及体制的陈旧，已不再适应社会发展及青少年成长的需要。作者既“破”又“立”，认真爬梳，以一个专业文学工作者及一位父亲的担当，仔细品读一部一部作品，然后甄别斟酌（翻译作品还将不同的版本进行比较），最后才放心地让自己的孩子阅读。作者还根据孩子不同年龄阶段的不同心理、认知特点，对其品鉴并推荐的作品分门别类，由低级到高级依次划分为低幼阅读、初级阅读、中级阅读和中学生阅读四个序列。古有神农尝百草，今有叶开品百书。应该说，书中这份“叶开分级推荐书目”（即“叶开的书单”）起初是一份秘而不宣的“私家书单”。而在作者这份执着与经验基础上延伸、丰富与扩充而来的“分层详细阅读书目”，品种已多达几百种，为广大的父母读者给孩子挑选优秀经典读物，提供了有益的参照、借鉴与帮助。

本书为《对抗语文——让孩子读到世界上最好的文字》的最新修订版，增加作者新近相关文章若干篇，尤其对本书的核心内容（详细分级推荐书目）做了大量的丰富与补充。

作者简介：

叶开，文学博士，作家，《收获》杂志副编审。出版有长篇小说《口干舌燥》和《我的八叔传》等，文学理论专著《莫言的文学共和国》《野性的红高粱——莫言传》等。长期关注中国的语文教育，先后出版有《对抗语文——让孩子读到世界上最好的文字》《这才是中国最好的语文书》系列及《语文是什么》等。

未央宫：沉重的帝国

一个王朝潜伏着一个民族历史的基因

秦王朝是中国历史上第一个大一统的君主专制的国家，由于它的暴虐和严酷，仅存在十五年。继之而起的西汉王朝，仍行秦政，在制度和意识形态上都更加完备，也更加成熟，自高帝刘邦至平帝历经十一个君主，二百一十一年。帝国的沉重，不仅在于家天下的制度层面，更在于与制度相关的个人命运的沉浮和心灵的苦难……

本书是一部关于西汉王朝的专题历史随笔集，是身为剧作家的作者潜心研读《史记》《汉书》的思想结晶。主要篇目包括《吕后和刘邦的家天下》《汉武帝和他的丞相们》《大儒董仲舒》《司马迁之厄》《海昏侯刘贺的前尘往事》《叛逆的王侯》《终结者：王莽和他的短命王朝》等。

作者简介：

周树山，作家，编剧。出版有长篇小说《生为王侯》《铜雀台》《一片蔚蓝》，散文随笔集《山自为山》《私人火焰》《致雪妮》，剧作集《午夜的探戈》等。发表和上演的话剧有《曹植》《村子》等十余部，创作并录制有大量的广播剧及影视作品。

朋友是最后的故乡

作者关注当下中国在飞速发展及现代转型过程中社会精神危机的诸多层面，如传统的毁灭、功利主义泛滥、教育的弊端、故乡的丧失等，从而表现出强烈的知识分子忧患意识。随着城镇化脚步的加快，“拆迁”大潮风起云涌，在这种社会背景下，作者为故乡的丧失唱起最后的挽歌：“我丧失了故乡，无数可以使故乡一词活起来的事物都被摧毁了。只有友谊保持着对故乡大地的记忆”，“故乡不再是我的在场，只是一种记忆。这种记忆最活跃的部分是朋友们保管着。记忆唤醒的是存在感，是乡音、往事、人生的种种细节、个人史、经验。如今在朋友那里才可以复苏记忆”。

其实，丧失故乡、成为精神流浪者的，又岂止是作者一人？好在，这世上，我们还有朋友。

作者简介：

于坚，当代诗人，“第三代诗歌”的代表人物。任教于云南师范大学文学院。

我的村庄

刘家村本是英雄地，那是秦汉时楚霸王项羽的故地，后人建有霸王祠。

小英子、老歪子、聋子四老、美人、二狗、剃头匠等出入书中的许多小人物，就生活在这个当年楚霸王叱咤风云、留下千古绝唱的“英雄之地”。他们的性格特质、人生戏剧及多舛命运，共同构成了一部鲜活的、属于20世纪80年代中国特有的“村庄记忆”。

劳苦，匮乏，饥饿，疾患，叫魂，赌博，失学，拆迁，颠疯，自杀……这些都是隐含在这个“村庄”秀美风水之外的另一种风景。

名家推荐：

一个不知名的小村庄，一群不知名的小人物，倘淹没于历史中，也是再寻常不过了。然而作者却要充当家乡的祭司，做着萧红、韩少功那样的事情。作者并不想通过一个村庄看见中国，他只想为无名的家乡守一份记忆，为远走他乡的人们留一道乡愁。

上海大学文化学博士（“一个博士的回乡笔记”作者）王磊光

劳苦，匮乏，饥饿，疾患，叫魂，赌博，失学，拆迁，颠疯，自杀……这些都是在秀美的风水之外的乡村的另一种风景。

这是一部无奈之作，也不妨看作是一部抗争之作。书写的形式不是新闻学和社会学的，也不是历史学的；它是文学，但并不借助想象，而是记忆的，记录的。名目虽谓“村庄志”，却不属编年史一类，而是被作者制作成许多个切片：风土、场景、人物、表情，寓时间于空间之内，由断面显示年轮。在价值取向上，书是民间的，本真的，没有意识形态的说教，不带官方色彩，而且，没有那些流落江湖而心系庙堂的善于变化的才子式的夸夸其谈。

著名学者　林贤治

作者简介：

蓝角，男。1964年9月出生于安徽省和县。1988年毕业于安徽大学，1984年开始诗歌和其他文体写作。作品发表于《诗刊》《十月》《青年文学》《作家》《江南》等近百家文学报刊和《九十年代实力诗人诗选》《安徽文学五十年》等数十种选本。出版有诗集《狂欢之雪》（宁夏人民出版社）、随笔集《流年清澈》（广西师范大学出版社）。现在安徽省政府某部门工作。

中国的自由传统

作者认为，中国秦后社会隐伏着两条相互交织又此消彼长的线索：一条线索为皇权专制的“专制线索”，由于两千年专制体制由秦朝奠定，这一线索又可称为“秦制线索”；另一条线索为显示社会自治发育程度的“自治线索”，因为传统社会的自治主要由儒家士绅推动，这条线索也叫“儒家线索”。自由

的儒家线索与专制的秦制线索相互拉扯，犹如拔河，构成了中国历史演进的内在张力。作者并由此构建重新解释中国历史的大框架。

作者吴钩先生在这部微型历史著作里，以生动的笔墨、翔实的材料、可信的逻辑证明：秦以来中国固然不乏专制、暴政，但也存在一个绵延不断的自治、自由传统，这个传统的主要塑造者是儒家。百年来反传统的知识分子有意无意编造的关于儒家、关于中国历史、关于中国文明的谎言、神话，正在崩塌，重写中国历史的大门已经打开。

作者简介：

吴钩，历史研究者，主要关注领域为明清时段的政制与社会生活。现供职于南方报业集团。

那朵盛开的藏波罗花——钟扬小传

2017年9月25日，复旦大学研究生院院长、生命科学学院教授钟扬，在赴内蒙古讲课途中遭遇车祸，不幸离世。

“一个基因可以拯救一个国家，一粒种子可以造福万千苍生。”钟扬把一生都献给了科学事业，他是学生眼中的良师益友，

他是同事心目中的“追梦者”，他的人生达到了令人仰望的生命高度。“不是杰出者善梦，而是善梦者才杰出”，钟扬以他自己对梦想的执着追求，为我们留下了极其珍贵的精神财富。

本书为复旦大学著名学者、作家梁永安亲笔撰写的钟扬人生小传。作者参阅大量材料，并作亲身考察，从16个侧面，为我们勾勒了一幅钟扬的人生画卷——清晰、丰富、厚重、鲜活，钟扬的音容笑貌与博大情怀跃然纸上……

编辑推荐：

钟扬最喜欢的一首藏族民歌唱道：“世上多少玲珑的花儿，出没于雕梁画栋；唯有那孤傲的藏波罗花，在高山砾石间绽放。”藏波罗花，生长在青藏高原海拔4000—5000米的沙石地，喜光、耐寒、耐贫瘠。钟扬说：“环境越恶劣的地方，生命力会越顽强。就像这生在青藏高原的藏波罗花，深深扎根，顽强绽放。”

他就是一朵骄傲的藏波罗花，为理想燃烧，鞠躬尽瘁，死而后已。

铸就精神传奇，留下撼人力量。首部钟扬人生传记，复旦著名学者作家梁永安倾情力撰，50幅老照片尽显钟扬生命轨迹。

作者简介：

梁永安，复旦大学著名人文学者，作家，比较文学博士。曾任日本神户外国语大学、日本冈山大学、美国波士顿大学、韩国梨花女子大学客座教授，主要研究领域为：比较文学与比较文化、电影文化、城市化与文化空间的现代转型。

主编“与西方思想大师对话丛书”，著有《中国当代文学批评史》《新中国社会科学50年》《重建总体性——与杰姆逊对话》等。出版文艺随笔集《缪斯琴弦上的猫头鹰》、长篇历史小说《王莽》、文化随笔集《别样的心情》。翻译出版外国文学名著《白鲸记》等。

“中华根文化·中学生读本”

国内第一套专门为中学生“量身定做”的
中国传统文化读本

国内第一套专门为中学生“量身定做”的中国传统文化读本。

本套丛书共15种，包括：《仁者之言——〈论语〉选读》《义者之言——〈孟子〉选读》《君子之言——〈荀子〉选读》《智者之言——〈老子〉选读》《达者之言——〈庄子〉选读》《爱者之言——〈墨子〉选读》《法者之言——〈韩非子〉选读》《忠者之言——〈楚辞〉选读》《谋者之言——〈孙子〉选读》《兴于诗——〈诗经〉选读》《立于礼——“三礼”选读》《成于乐——〈乐记〉〈声无哀乐论〉选读》《春秋大义——〈春秋〉三传选读》《诸侯美政——〈国语〉选读》《战国争雄——〈战国策〉选读》。

本套丛书编写特色：每册分若干主题，并按主题组织若干单元。每单元配有单元导语，并用浅近的白话注解、翻译、释义，力求简洁明了。贴近语文教学实际，契合中学生成长需要。萃取精华，得其精髓，名师指引，事半功倍。

本套丛书获得的荣誉：

上海市教学成果特等奖（基础教育类），国家教学成果一等奖（基础教育类）。

编辑推荐：

一套专门为中学生“量身定做”的中国传统文化读本。品质保证，送礼佳品。

家藏万贯不如子女饱读诗书气自华，送礼送物莫如胸中书香浩瀚送文化。本套丛书为礼盒装，也是您送礼的首选佳品。

主编简介：

黄荣华，上海市语文特级教师，复旦大学附属中学语文教研组组长，上海市语文名师培养基地导师。

出版《上海名师课堂·中学语文黄荣华卷》《生命体验与语文学习》《穿行在汉字中》等著作，主编“著名中学师生推荐书系”（20种）、“中华根文化·中学生读本”（15种）、《高中语文学习导引》（1—6）等，编注《仁者之言——〈论语〉选读》《义者之言——〈孟子〉选读》《朝花夕拾》《寂寞圣哲》《怅望千秋》、《遥远的村庄》《穿越唐诗宋词》等文学、文化读本7种。

图书在版编目(CIP)数据

我的职业是编辑/李又顺著. —上海：复旦大学出版社，2019.9
ISBN 978-7-309-14491-8

Ⅰ. ①我… Ⅱ. ①李… Ⅲ. ①编辑工作-文集 Ⅳ. ①G232-53

中国版本图书馆 CIP 数据核字(2019)第 154812 号

我的职业是编辑
李又顺 著
责任编辑/岑品杰 刘西越

复旦大学出版社有限公司出版发行
上海市国权路 579 号 邮编：200433
网址：fupnet@fudanpress.com http://www.fudanpress.com
门市零售：86-21-65642857 团体订购：86-21-65118853
外埠邮购：86-21-65109143
上海崇明裕安印刷厂

开本 890 × 1240 1/32 印张 8.5 字数 157 千
2019 年 9 月第 1 版第 1 次印刷

ISBN 978-7-309-14491-8/G · 2005
定价：38.00 元